# Streuobst

Vom Geschmack
einer Landschaft

8 grad

Andreas Geiger

# Streuobst

## Vom Geschmack einer Landschaft

8 grad verlag   Freiburg

# Inhalt

SOMMER

HERBST

WINTER

*Die Wildnis ist es,*
*die die Welt bewahrt.*

Henry David Thoreau

WINTER

## Wie ich auf den Geschmack gekommen bin

Ein klammer Mittag im frühen Frühjahr auf den Wiesen entlang der Schwäbischen Alb. Die Feuchte so kalt und unwirtlich, wie sie nur das Klima der Alb bieten kann. Nirgendwo mehr ein bisschen Farbe im Spiel. Die Welt entsättigt und mit viel zu wenig Kontrast. Der Himmel ohne jeden Geschmack.

Als ich mit meinem Mountainbike über die Feldwege in Richtung Schlat rolle, sehe ich schon von Weitem einen Mann in kariertem Hemd und Jeans auf einer Leiter stehen und Bäume schneiden. Beim Näherkommen erkenne ich Jörg Geiger, mit dem ich schon mal wegen einer Doku fürs Fernsehen zu tun hatte. Die Serie *Im Bann der Jahreszeiten* enthielt Porträts über Menschen in ganz Europa, deren Arbeit vom Lauf der Jahreszeiten abhängig war und die sich diesem Rhythmus angepasst hatten. In seinem Fall war es der Jahreslauf eines Obstbauern aus Süddeutschland.

Jörg Geiger hat sich in den letzten zehn Jahren kaum verändert, immer noch alle Haare auf dem Kopf, vielleicht ein paar Falten mehr und immer noch die kräftigen Schaffhände. Unablässig zwickt er Zweige mit einer nach einlullender Fließbandarbeit klingenden elektrischen Baumschere ab und erklärt mir zur Begrüßung: »Die senkrechten, das sind Wassertriebe, die schaden nur dem Wachstum und nehmen dem Baum Energie.« Der Mann ist offensichtlich mit dem Kopf ganz im Zweiggewirr der Bäume beschäftigt. Dann schaue ich ihm halt erst mal von unten zu.

Die Wiese ist zertreten und matschig, die Rinde der Bäume nass schwarz. Die Äste strecken sich ungelenk wirr in alle Richtungen. Manche stehen rechtwinklig voneinander ab, als wären sie verrenkt oder in diese Richtung gezwungen worden. Oder eingefroren in einem Schreckensmoment wie die lavaerstarrten Leichen in Pompeji. Aber so ist der Winter auf der Alb.

Dazwischen wachsen junge spindeldürre, hellbraune Stämmchen als Lückenfüller, um der Baumwiese ihre Reihenstruktur zurückzugeben. Als ginge es wieder nur, wie so oft in unserem menschlichen Tun in der Natur, um das Einordnen der Welt in Reih und Glied. Auch wenn ich die scheinbar nach eigenem Willen gewachsenen Formen der alten

Bäume immer als Zeichen ihres Widerstands gegen ihre Bezähmer gesehen habe, bekomme ich hier Einblick in den tieferen Sinn des Baumschneidens.

Durch den Baumschnitt alle paar Jahre bleiben die alten Bäume gesund, sie gewinnen an Vitalität und entwickeln neue ertragreiche Äste. Mit Säge und elektrischer Astschere geht er vor wie ein Chirurg beim Amputieren von Körperteilen. Großzügig werden ganze Bäume auf ihre Hälfte reduziert. Verjüngungsschnitt, meint Jörg. Alles, was nach oben will und nichts zum Gesamterscheinungsbild des Baums beiträgt, wird rausgeschnitten, keine doppelten Triebe, keine Triebe nach innen. Selbst die neu gepflanzten Bäumchen werden vom Schnitter frisiert. Vier Haupttriebe – das ist einer zu viel. Wächst einer zu nah am andern, wird er mit einer Schnur weggebogen. Angesichts der Schiefheit der danebenstehenden alten Bäume überlege ich mir im Stillen, wer beim Wachsen am Ende den längeren Atem haben wird.

Jörg erzählt mir, wie er auf die Idee kam, aus den alten Apfel- und Birnensorten, die es hier in Schlat en masse gibt, etwas Neues zu kreieren. »Die Ära des Apfelmosts ist schon seit Langem vorbei. Mittlerweile wird alles, was im Herbst an Obst gesammelt wird, bei der Anlieferung in der Apfelsaftfabrik in einen großen Topf geworfen und daraus Apfelsaft gemacht. Ganz gleich, ob es sich um überreife frühe Sorten wie den Jakob Fischer oder noch unreifes Spätobst wie einen Bohnapfel handelt.«

Ehrlich gesagt habe ich auch keine Idee, was mit diesen vielen unterschiedlichen Obstsorten sonst anzufangen wäre, geschweige denn, welche Sorten wann am besten schmecken. Meine Oma hätte sicher gewusst, welche Sorten sie für Apfelkuchen nimmt oder welche Äpfel und Birnen miteinander gemischt einen vorzüglichen Most ergeben.

»Noch größer ist das verlorene Wissen bei Birnen. Die meisten Birnen sind Mostbirnen und roh ungenießbar«, sagt Jörg Geiger. Ich erinnere mich an die immer gleichen Sprüchen meiner Oma darüber, dass es früher Birnen gab wie die Gelbmöstler, die man nur anbaute, um dem meist sauren Apfelwein mehr Süße, Aroma und Gärpotenz zu verleihen. Dass man aus manchen Dörrbirnen wegen ihrer Süße und Intensität haltbares Früchtebrot für einen ganzen Winter backen konnte oder ganze Birnen als Zuckerlieferant trocknete. Das alles ist schon seit zwei Generationen in Vergessenheit geraten. Nur die alten schiefen Riesen stehen in ihrem

Dornröschenschlaf in der Landschaft herum, als würden sie auf den Prinzen warten, der sie wieder freischneiden und zum Leben erwecken will.

Mittlerweile ist allseits bekannt, dass diese Streuobstwiesen und Millionen alter Apfel- und Birnbäume keinesfalls nur kultiviert wurden, um daraus Apfelsaft zu machen. War doch die Pasteurisation, also das Haltbarmachen von Apfelsaft durch Erhitzen, vor zweihundert Jahren noch gar nicht erfunden gewesen. Diese Millionen von Bäumen, die in ganz Süddeutschland auf den Wiesen standen, müssen eine andere Bestimmung gehabt haben. Offensichtlich trank die arme ländliche Bevölkerung bis vor dem Zweiten Weltkrieg Unmengen an Most. Anders lassen sich die vielen alten Fässer, die als Deko bis heute überall in den Dörfern herumstehen, nicht erklären. Erst als in den Vierzigerjahren das Bier erschwinglich wurde, war dies der Anfang vom Ende der Mostkultur.

Heute stehen laut einer Baumzählung in Baden-Württemberg weniger als sieben Millionen Apfel- und Birnbäume auf den Wiesen, vor hundert Jahren waren es sechsundzwanzig Millionen. Dabei reichte die damalige Obstmenge nicht mal für den eigenen Bedarf an Most aus. Es mussten noch tonnenweise Äpfel und Birnen dazugekauft werden. So kamen im Rekordherbst 1900 am Stuttgarter Nordbahnhof siebentausend Eisenbahnwaggons mit Äpfeln und Birnen aus Österreich, Frankreich und Belgien an und wurden im ganzen Ländle vermostet. Mir helfen Berechnungen immer, eine klarere Vorstellung von einer Sache zu bekommen, und so kann ich nicht anders als loszurechnen: Der Wert der Fracht muss damals, bei amtlichen drei bis fünf Mark für den Zentner, über sechs Millionen Reichsmark gewesen sein. Ich weiß nicht, wie viel eine Brezel gekostet hat, aber der Durchschnittsstundenlohn betrug laut Wikipedia fünfundzwanzig Pfennig in Württemberg. Für einen Doppelzentner Mostobst hätte ein Arbeiter also fast eine Woche arbeiten müssen. Völlig klar, dass man das Zeug dann lieber selber angebaut hat.

Weiter hinten im Tal zeigt Jörg Geiger mir seine Neuanpflanzung der Champagner-Bratbirne-Bäume. Vier bis fünf Meter hohe schlanke, krakelige Jungbäume, zehn Jahre alt. Sie brauchen weitere zehn Jahre, bis sie die ersten Früchte tragen. Kein Wunder, dass sie heute niemand mehr pflanzt.

Wir stiefeln von Baum zu Baum über die schräge Wiese mit Blick hinunter nach Schlat. Hier gab es früher viele Obstwiesen. Oben teilweise leicht schneebedeckt, ragen die alten Baumskelette schwarz aus der Landschaft und geben ihr eine Härte und ein Dahingeworfensein in die Welt, wie es nur verlorene Orte haben können. Dabei gehört dieses Seitental im Kreis Göppingen schon zu den Vorzeigelandschaften.

Weiter hinten dröhnt die B 10, die seit Kurzem zur Quasi-Autobahn erweitert wurde, damit man schnell zur Arbeit nach Stuttgart kommt. Die Dörfer sind massiv ausgebaut zu Schlaforten. Neubaugebiete, um ein Vielfaches größer als der Ortskern, die direkt neben der Auffahrt zur B 10 liegen. Hunderte von Einzelhäuschen, die mit ihrem Weiß und Anthrazit perfekt zur Jahreszeit passen und das hoffentlich in hundertfünfzig Jahren immer noch tun, so wie die alten knorrigen Bäume, denen Jörg Geiger gerade einen Verjüngungsschnitt verpasst.

Ich stehe etwas verloren auf der nassen Wiese und versuche, mir den Wert dieser kahlen Bäume für unsere heutige Zeit vorzustellen. »Schiefe Storren«, wie meine Oma immer zu den alten Obstbäumen sagte. Jörg Geiger klettert von der Leiter, schnallt sich die elektrische Astschere vom Gürtel und lädt mich ein, ein »Gläsle Prisecco« bei ihm in seinem Gasthof zu trinken. Wir fahren im grindigen Nieselregen unter tropfenden Ästen und über nasse Wiesen zurück ins Dorf. Mein Mountainbike scheppert bei jedem Schlagloch auf dem Anhänger hinten drauf. Mir geht's nicht viel besser, so eingepfercht auf dem »Beifahrersitz«. Unmöglich, sich bei dem Lärm, den der alte Trecker macht, zu unterhalten, und deshalb schaue ich seitlich raus.

Das ist die Gegend, in der ich aufgewachsen bin. Bis heute kenne ich sie durch meine restbäuerliche Herkunft in- und auswendig und liebe sie im Stillen, auch wenn ich sie damals lautstark verfluchte, weil nichts darin passierte, wie in dem Song von Tocotronic von der »langweiligsten Landschaft der Welt«. Das Vorland der Schwäbischen Alb und seiner Kante, die gleichzeitig die Grenze zwischen Stadt und Land markiert, zwischen der urbanen Anziehungskraft Stuttgarts mit seiner potenten Industrie und dem vermeintlichen Niemandsland oben auf der Alb. Auf eine neue, unmittelbare Art und Weise sollte ich diese Landschaft wieder kennenlernen durch Jörg Geiger und seine Wiesenobsterzeugnisse.

## Alte Bücher

Etwas erfroren und durchgeschüttelt kommen wir in seiner Manufaktur an, die aus dem alten Gasthof Lamm hervorgegangen ist. An diesem lausig kalten Februartag muss Jörg Geiger das Licht im Gastraum schon nachmittags um vier einschalten. Mit einer Flasche und zwei Sektgläsern in der Hand führt er mich durch den verwinkelten leeren Gasthof zu einer Sitzecke neben einer Vitrine voller alter Bücher. Die Brennerei nebenan strahlt Wärme ab wie ein Ofen.

Er spricht immer von Prisecco, ein Kunstwort, das nach Produktdesign klingt. Dieses Getränk war eine seiner ersten Kreationen mit dem Namen Rotfruchtig. Eine Mixtur aus Apfel- und Birnensaft, mit Kirschgeschmack. Eine Art Saftmischgetränk wie man es als Kind, wenn man Barkeeper spielte, selber zusammenmixte. Doch dieser Saft ist schon mehr im Mund. Ich schmecke eine ganze Reihe mir unbekannter Gewürze und spüre einen sensorischen Reiz in der Kehle, wie ich ihn so nur von raffinierten Cocktails kenne. Dieser rote perlende Saft ruft eher Geschmackserinnerungen an ein außergewöhnliches fremdländisches Gericht wie einen vietnamesischen Bun oder eine Pho-Suppe in mir wach. Wie kann es sein, dass aus den Früchten dieser schrumpeligen, halbtoten alten Bäume, wie sie draußen auf den Wiesen vor sich hin vegetieren, solch ein feines Getränk gezaubert werden kann? Wo ist der Trick, der Haken, das geheime Additiv?

Die besonderen Eigenschaften alter Obstsorten waren lange vergessen. Ein Wissen, das Jörg Geiger in antiquarischen Büchern wiederfand. Die meisten sind über zweihundert Jahre alt – aus der Blütezeit der Obstliteratur. Inzwischen hat er eine eigene Sammlung, im ehemaligen Futtergang der Scheune in der Glasvitrine, um die ich herumschleiche. Neben Standardwerken der Pomologie wie dem *Handbuch über die Obstbaumzucht und Obstlehre* von Pfarrer Christ stehen hier Dutzende alter Bücher mit lustigen Titeln wie *Nachricht von den Früchten und ins besondere von den Epfeli*. Ich nehme eines in die Hand, *Die Krankheiten, Uebel und Feinde der Obstbäume*, in dem wahrscheinlich die Motorsäge noch nicht erwähnt ist, dafür enthält es beeindruckende Radierungen von Geschwüren und Pilzbefall an Blättern und Früchten.

Jörg gibt mir einen schmalen Band mit Wasserflecken: »Da. Ein sehr schräges. Was für dich.« Ich blättere drin herum. Es geht um die Kunst, Weine nachzuahmen mit Äpfeln und Birnen. Das Buch stammt aus der Zeit, als hier in der Gegend die Weinbau-Ära zu Ende ging und man nach Ersatz suchte. Detailliert wird beschrieben, wie man sogar mit Austernschalen arbeitete, um aus Äpfeln und Birnen Wein zu machen. Ich frage mich zwar, wie schwäbische Obstbauern im 18. Jahrhundert an Austern kommen sollten, aber Jörg Geiger hat sich diese Frage sicher nicht gestellt, sondern einfach »gemacht«. Er erzählt mir, wie er im Urlaub an der Nordsee dieses Buch dabeihatte und vor ihm am Strand die Austern sah. »Ich hab einfach ein paar Austern gesammelt und daheim mit dem ersten Liter Apfelsaft ein paar Versuche gemacht, und das war spannend. Man schmeckte das Umami der Austern. Man bekommt dadurch Mineralität in den Saft hinein. Willst du mal probieren?« Jörg Geiger hat daraus ein eigenes Getränk gemacht. Er holt eine kleine Flasche aus dem Shop nebenan. Inspiration No. 4.1, Apfel – Vogelmiere – Meersalz. Auf dem Rücketikett der Flasche bei den Inhaltsstoffen: Austernschale. Ich sehe sein Lausbubenlachen. Wir trinken und er wartet auf meine Reaktion. Crazy. Es schmeckt auf jeden Fall nach Meeresbrise. Jörg beschreibt es etwas genauer auf dem Rücketikett: Weicher Duft nach reifem Mais, vegetabile Noten, grüne Paprika und leichte Meeresbrise. Süß, salzig, umami, an milchreifen Mais erinnernd. Kräuternoten von Bronzefenchel im mittellangen weichen Nachhall.

Solche Bücher sind eine Quelle der Inspiration für ihn. Er zeigt mir noch mehr Ausgaben. »Viele ganz entscheidende Schlüssel haben uns diese Bücher an die Hand gegeben, die wir eigentlich verloren hatten.« Ich schaue mir technische Zeichnungen von komplizierten Aufbauten zur Saftproduktion und Vergärung an. Bottiche mit Auslässen und Schläuchen, aus denen Reagenzgläser ragen. Hat was von Alchimie. Und dann ist es auch nicht mehr weit vom Apfel zur Austernschale.

»Auch das Zusetzen von Hölzern wie Eichenlaub oder Buchenreisig, um diese Hölzer besser pressbar zu machen, war eine Beobachtung aus diesen alten Büchern, und gleichzeitig haben sie beschrieben, der Wein würde gut davon. Auch wenn die es sich noch nicht erklären konnten. Heute weiß man, dass es die Holztannine sind, die, durch die Fruchtsäure gelöst, dem Wein diese zusätzliche Komponente von weichem, komplexem Geschmack und Rückgrat geben. »Kennt man ja, Bordeaux, Barrique-Ausbau und so weiter.«

Ich bin erstaunt, dass dieses präzise Wissen vor zwei-, dreihundert Jahren schon vorhanden war, aber in Vergessenheit geriet.

Ich schaue mir Zeichnungen von Erdlöchern an, in die ein Bauer Birnen kippt. Es sieht ein bisschen aus wie ein aztekisches Opferritual, nur hält er kein Herz hoch, sondern eine Birne.

Ein anderes Buch ist voller technischer Zeichnungen mit obskuren Gerätschaften, Dörröfen und Mostpressen. Vorstufen von Maschinen, um das Obst zu verarbeiten, mit Kurbeln, Zahnrädchen, Gärspunden und Strohfiltern.

Wir sprechen, um uns besser kennenzulernen und weil wir gleich alt sind, über unsere bisherigen Lebensstationen. Dass wir beide Geiger heißen, ist in dieser Gegend nichts Besonderes. Verwandt sind wir trotzdem nicht. Möglich, dass die Vorfahren seiner Mutter Gertrud mit den Eltern meines Großonkels, dem Gipser Geiger, doch verwandt waren. Aber das bedeutet hier nichts, weil entlang der Alb viele Geiger heißen.

Er ist aufgewachsen in Schlat als jüngstes Kind einer Gasthoffamilie, ich zwei Dörfer weiter in einer restbäuerlichen Familie. Unsere Kindheit in den Siebzigern haben wir wahrscheinlich auf ähnliche Weise verbracht, ohne Qualitytime mit Animationsprogramm der Eltern. Er hat sich im Gasthof herumgetrieben und die alten Bauern am Stammtisch genervt. Ich hab auf dem Bauernhof meiner Oma ganze Nachmittage bei den Hühnern im Obstgarten gesessen.

»Weil mir Landwirtschaft immer gefiel, lag es an mir, den Landgasthof Lamm in Schlat mit kleiner Landwirtschaft und eigenem Brennrecht weiterzuführen oder aufzuhören.«

Mit sechzehn hätte ich mich auch noch nicht bereit gefühlt, Zwiebelrostbraten und Spätzle für den Rest meines Lebens zu kochen oder als Obstbauer mit dem Erbe von Dutzenden alter Obstbäume Schnaps zu brennen.

Jörg Geiger ging nach Frankreich und trat eine Kochlehre an. »In Frankreich habe ich bei Georges Pralus in seiner Kochschule gearbeitet.« Der Kochpionier hatte zu dieser Zeit damit experimentiert, wie Speisen unter Vakuum im eigenen Saft bei niedrigen Temperaturen so gegart

Ackerstücken schmäler gemacht, auch nicht mehr vorzüglich Getreide, sondern
und Kohl gebaut, bis endlich, nach dem 60. oder
70. Jahre der Pflanzung, der ganze Boden als Wiese niederzulegen ist.
§. 447.

ERFURTER FÜHRER
GARTENBAU
Handbuch über die Obstbaumzucht und Obstlehre
von J. L. Christ
Mit IV Kupfertafeln und 1 Tabelle.
Zweyte vermehrte und verbesserte Ausgabe.
Frankfurt am Mayn, 1797.
der Hermannschen Buchhandlung.
Verlag von Eugen Ulmer in Ravensburg.
Illustr. Monatshefte für Obst- u. Weinbau.
Organ des deutschen Pomologenvereins.
Unter der Redaction von
Superintendent Oberdieck in Jeinsen und Dr. Lucas in Reutlingen.
Jährlich 12 Hefte mit 24 Abbildungen in Farbendrucken, Lithographien und Holzschnitten.
fl. 4. 12 kr. oder Thlr. 2. 15 Ngr.
Illustrirtes Handbuch der Obstkunde.
Unter Mitwirkung von Mehreren
herausgegeben von
Dr. Ed. Lucas und J. G. C. Oberdieck.
18. Lieferung, enthaltend: Steinobst.
Preis fl. 1. 20 kr. oder 24 sgr.
Illustrirten Handbuchs der Obstkunde:
I. Aepfel. II. Birnen. III. Steinobst. IV. Aepfel. V. Birnen.
Pomolog. Tafeln zum Bestimmen der Obstsorten.
Systematische Zusammenstellung
der Abbildungen des Illustrirten Handbuchs der Obstkunde
von Oberdieck, Jahn und Lucas,
nebst kurzem erläuterndem Text
von Dr. Ed. Lucas.
I. Band: Aepfel. Taf. I.—XV.
II. Band: Birnen. Taf. I.—XXII.
III. Band: Kirschen und Pflaumen. Taf. I.—VIII.
Die colorirte Ausgabe ist in Vorbereitung.
Verticale Obstpresse

werden können, dass sie ihren ganzen Eigengeschmack behalten. »Als junger Kerl bin ich so sehr früh mit vielen französischen Spitzenköchen und ihrem mutigen Umgang mit Kräutern und Gewürzen in Kontakt gekommen. Begeistert hat mich, dass die französische Küche sich nicht nur für die Region einsetzt, sondern die Rückkopplung schafft. Vom Verbraucher zurück zum Erzeuger, wobei sie den Erzeugern erklärt, wie gute Produkte funktionieren. Als ich Anfang der Neunzigerjahre wieder zu Hause auf der Schwäbischen Alb war, wollte ich auch in meiner Küche frische Kräuter und das Niedriggaren zu den schwäbischen Klassikern integrieren.«

Es war an einem lauen Herbstabend nach der Apfel- und Birnenernte. Jörg war noch nicht wieder ganz daheim angekommen. Er hatte den Kopf voll mit seinen kulinarischen Erlebnissen der französischen Sous-vide-Küche, sollte jetzt als noch junger Mensch in einem traditionellen Landgasthof anpacken und diesen leiten. Befreundete Gastronomen fragten ihn nach einer Idee für einen alkoholfreien Aperitif für ihre Restaurantgäste. Er sollte zu einem Menü passen und eine geistreichere Alternative zu Fanta, Cola oder Apfelsaft bieten. So machte Jörg die ersten Versuche mit dem, was in der Region wuchs.

Der Saft alter Apfelsorten, wegen seiner Säure, und der von herben Birnensorten als Zutat war klar, davon hatte er mehr als genug. Kirschsaft war auch genügend vorhanden im warmen Schlater Tal. Von der Lehre in Frankreich wusste er um die geschmackliche Potenz frischer Kräuter wie Koriander, Mädesüß, Rose und Vanille als Gegenspieler zu den sauren Äpfeln und bitteren Birnen. Er nannte sein erstes Getränk so, wie es schmeckte: Rotfruchtig.

Es folgten weitere prickelnde Obstmischgetränke wie der Weißduftig, der Winterbirnentraum oder der Rosenzauber. Jörg Geiger fand immer mehr Gefallen und Geschmack an diesen alten Obstsorten. Er hatte die Essenz dieses herben Fruchtgeschmacks geleckt und wollte mehr daraus machen. Er experimentierte mit den unterschiedlich schmeckenden Einzelsorten, mischte sie, wie man eine Cuvée zusammenstellt, und würzte sie, so wie ein Koch seine Gericht verfeinert, mit Kräutern. »Ich hab angefangen, eine Gewürzsammlung zusammenzustellen, und Kräuter hier von den Obstwiesen gesammelt, bissle wie ein Insektenforscher.«

Jörg Geiger beim Baumschnitt

Mittlerweile hat er die Lücken in den Baumreihen mit jungen Bäumchen der alten Sorten aufgefüllt. Vor fünfzehn Jahren war er wahrscheinlich der einzige Mensch, der solche Bäume pflanzte, während andere sie umsägten. Sorten wie die Prevorster Bratbirne, die Nägeles Birne, die Karcher Birne, die Gottesackerbirne, die Glockenbirne, die Gelbe Champagner. Bei den alten Apfelsorten der Bohnapfel, der Bittenfelder und die Rote Sternrenette. Alte Apfel- und Birnensorten, in denen kein vernünftiger Mensch mehr einen Nutzen sah, weil diese Sorten nicht direkt vermarktbar waren. Aber Jörg Geiger hatte auch was anderes damit vor.

## Am Anfang war der Most

Apfel- und Birnbäume gelten heute als Relikt und Belastung für die Wiesenbesitzer – sie machen Arbeit und bringen wirtschaftlich nichts ein. Was anfangen mit zentnerweise Äpfeln und Birnen? Sich buckeln für fünf Euro der Zentner? Apfelsaft zum Eigenverbrauch für die Kinder? Warum sollte jemand wie früher in rauen Mengen Most herstellen?

Ich hatte mich immer gewundert über das Achthundert-Liter-Fass auf dem Hof meiner Oma, in das ich hineinkriechen musste, wenn es den Verdacht gab, dass die Hühner mal wieder ein illegales Nest zum Eierlegen im Fass betrieben. Ich stellte mir als Kind dann vor, wie es wäre, in Most zu schwimmen. Später, als ich größer war, rechnete ich aus, dass meine Oma und mein Vater im Jahr pro Tag zwei Liter von diesem sauren Gesöff hätten trinken müssen, um das Fass leer zu bekommen. Prost Mahlzeit!

Die Landschaft verändert sich, weil die Welt sich verändert hat. Immer mehr alte Baumriesen fallen um oder der Motorsäge des Landwirts zum Opfer. So wie die ursprünglich vollständigen Baumreihen mit alten Wiesenobstsorten immer mehr Lücken aufweisen, wird auch die Landschaft immer fragmentierter. Hier schneidet eine Straße mitten hindurch, übergriffige Neubaugebiete am Ortsrand rücken den Streuobstwiesen nahe und weisen ihnen ihre letzte Funktion als Bauerwartungsland zu. Die übergroßen Apfel- und Birnbäume sind nur noch geduldet, mit einer Aufenthaltsgenehmigung bis zum Tag der Umwidmung in Bauland. Die alten Solitärbäume sehen mittlerweile aus wie traurige Geister, die sich verloren in der Nähe von Neubaugebieten herumtreiben.

Was wir Streuobstwiese nennen, ist erst durch das langsame Verschwinden von Obstbäumen entstanden. Ursprünglich war dieser Begriff nicht gebräuchlich. Wurden doch die Bäume keineswegs so verstreut auf der Wiese gepflanzt, wie sie heute dastehen. Sie sind die Überbleibsel einer vormals umfassenden Obstkultur, in der jede Apfel- und Birnensorte ihren Daseinsgrund hatte. Die sauren Äpfel sorgten für die Säure des Apfelweins, die süßen Birnen für den Gärprozess und die Süffigkeit und die bitteren Birnen für die Gärung und den weinähnlichen Geschmack.

So wie die alten Storren über die Landschaft, so hat sich auch das Wissen um die geschmackliche Verwendung ihrer Früchte verstreut. Dass man aus Äpfeln und Birnen der alten Sorten mehr als nur Apfelsaft machen kann, interessiert kaum noch jemanden. Eine zweihundert Jahre alte Kulturform ist dem Aussterben geweiht.

Most war schon immer das Getränk der einfachen Leute. Man kennt die Geschichten aus dem Mittelalter, als sich Wasser kaum zum Trinken eignete. Ich kann mir nur schwer vorstellen, dass es einmal eine Zeit gegeben haben soll, in der die Menschen nicht Wasser tranken, wenn sie durstig waren. Mein neunzigjähriger Nachbar Josef ist als eines von neun Kindern in dem Bauernhaus aufgewachsen, in dem wir heute wohnen. Er und seine Geschwister hatten in der Schule zum Trinken Most dabei, weil sie anscheinend vom Wassertrinken immer »Ranzenspannen« bekamen. Dass man davon Bauchweh bekam, kann ich mir nicht vorstellen, denn trotz eines damals sicher maladen Kläranlagensystems drücken gerade hier an der Albkante jede Menge Quellen aus Karstlöchern, deren Wasser durch den Kalkstein bestens gefiltert ist und wie das Bad Überkinger Mineralwasser sogar verkauft wird.

Klar, das Land war geprägt von Armut und Abgeschiedenheit, und die Menschen betrieben Selbstversorgung. Und was es zuhauf gab, das waren eben Äpfel und Birnen. So viele, dass man jedes Jahr im Herbst die Fässer mit Most füllte und diesen somit auch trinken musste.

Dabei ist Most nicht gleich Most. Früher lagen Dörfer deswegen miteinander im Wettbewerb, geschmackliche Meinungen trennten ganze Familien. Für ein paar Hundert Jahre war hier das Zentrum der Apfel- und Birnenkultur. Wie man andere Sorten züchtet, um daraus den besten Most herzustellen, das wussten findige Bauern von alters her.

Oft waren es auch Zufallsfunde auf Erkundungsgängen an Waldrändern, Rodungsgrenzen und Schonungen. Dort fanden sich Bäume mit kleinen holzigen Früchten. Dass die alten Apfel- und Birnensorten ursprünglich aus dem Wald kommen sollen, ist für mich der erkenntnisreichste Gedanke an dem ganzen Thema. Gibt es solche Urbäume noch heute? Wie und wo kann ich heute noch welche sehen?

Wenn das Albvorland tatsächlich das Gebiet mit der größten Vielfalt an Apfel- und Birnbäumen ist, wie kamen sie hierher? Gab es einen großen Unbekannten, der das Ganze ins Rollen brachte, der den Apfel Nummer eins aus den kasachischen Bergen auf die Alb brachte, die Urbirne aus Persien hier aufpäppelte?

Im Jahr 1792, zur Zeit der großen Siedlertrecks, verließ ein achtzehnjähriger junger Mann die amerikanische Ostküste in Richtung Westen, in damals unbekanntes Territorium. In seinem Reisebeutel befanden sich Tausende von Apfelkernen. Barfuß und ärmlich gekleidet pflanzte er längs seines Weges unermüdlich Apfelkerne in den Boden. Die Apfelbäumchen sollten die nachfolgenden Siedler mit Nahrung versorgen. Bis zu seinem Tod hatte er Abertausende von Apfelkernen in der Wildnis verteilt und bis heute gilt er als legendäre Gestalt: Johnny Appleseed.

Gab es auch hier so einen, der auf seinen Wanderungen durch Baden und Württemberg Apfel- und Birnenkerne in der Tasche hatte und diese mal hier, mal dort am Wegesrand und im Wald verstreute, auf dass die nächsten Generationen, die hier vorbeikämen, etwas zu essen hätten? Eine Wegzehrung. Obst für alle?

Vielleicht ist Jörg Geiger so ein Johnny Appleseed. Er ist zwar nicht verantwortlich für die vielen verschiedenen Apfel- und Birnbäume, aber wahrscheinlich ist er der Grund dafür, dass in hundert Jahren überhaupt noch Obstbäume auf den Wiesen stehen werden. Und nicht, weil er ans Traditionsbewusstsein der Menschen appelliert oder ein paar Leute vom

Naturschutzaspekt dieser schiefen alten Gewächse überzeugen konnte, sondern weil er aus etwas Altem etwas Neues gemacht hat.

Bei den Getränken, die er erfindet, lässt Jörg Geiger den Alkohol weg, denn die Birnen und Äpfel bringen von sich aus eine große Geschmacksvielfalt mit. Das ist nicht mehr Most – eher Post-Most. Das Edelgetränk überzeugt auch so durch die Säure, Süße und die Bitternoten des Wiesenobsts. Dazu kam als zündende Idee, als Funke Geist, der überspringt: Lasst uns das Getränk weiter verfeinern, mit Blüten, Kräutern und exotischen Gewürzen.

## Krumme Bäume tragen mehr Obst als gerade

Wie konnte überhaupt eine derartige Hochkultur von Kernobst entstehen? Wie haben es Obstbauern einst geschafft, aus wilden Zufallssämlingen von Bäumen im Wald immer bessere Ertragsbäume für die eigene Versorgung zu züchten und die Sorten so miteinander zu kreuzen, dass Früchte mit reichem Geschmack entstanden? Wie wurde dieses Wissen, das damals eine schlecht ausgebildete und räumlich begrenzt agierende Landbevölkerung anreicherte und verfeinerte, bis heute weitergegeben? Fast kommt es mir vor, als würde ich mit den alten Bäumen eine verschüttgegangene Kultur wie die der Mayas oder Azteken wiederentdecken.

Die riesigen alten Bäume blieben mir lange Zeit fremd. Mag sein, dass ich sie nie wirklich betrachtet habe. Ich verbrachte in dieser Landschaft und auf zig Obstwiesen meine Kindheit, half den Eltern und Großeltern im Herbst beim Ernten und war ganz aufgeregt dabei, wenn das Obst zur Mosterei gebracht wurde. Ich ließ mir auf dem Nachhauseweg von der Grundschule in der Mosterei auch meinen täglichen Becher frischen Süßmost schmecken. Aber bewusst habe ich diese Bäume erst viel später wahrgenommen.

Wie klein meine Welt bis zum Abitur war, merke ich beim Durchschauen von Kisten mit Hunderten alter Schwarz-Weiß-Fotos an den ersten Motiven, die ich zu fotografieren versuchte. Unzählige Obstwiesen in der Winterlandschaft und Porträts meiner dementen Großmutter mit ihren schrundigen Händen, die ich auf Papierabzügen als einziger und somit privilegierter Teilnehmer der Foto-AG am Gymnasium ablichtete. Zig Schwarz-Weiß-Fotos von verkümmerten Stämmen mit verrenkten Ästen, die planlos in alle Richtungen zeigten. Wie bei den Großmutterporträts auffallend viele Close-ups in den Baumfotos, Stämme und Astgabeln, morbide schrundige Borken und Stellen, an denen sich Moos abgelagert hatte, mehr tot als lebendig, und so morbide wie ich mich als siebzehnjähriger New Waver und Indierock-Fan fühlte. Bäume, deren Hartnäckigkeit und Willenskraft oder vielmehr Leidensfähigkeit mir schon damals imponierten.

Wie schaffte es ein Baum, so lange ein so karges Leben durchzuhalten? Hier auf der Schwäbischen Alb herumzustehen, sich mühselig genügend Nährstoffe aus dem Boden zu ziehen, um jedes Jahr aufs Neue auszutreiben und im Herbst diesen schieren Überfluss an Früchten zu präsentieren. Einer, den trotzdem niemand mehr wertschätzte, der von Glück sagen konnte, wenn seine Früchte überhaupt aufgeklaubt und verarbeitet wurden. So ein Leben stellte ich mir als das Schlimmste vor. Und wenn ich das Leben meiner Oma betrachtete, dann erschien es mir nicht viel anders als das Leben eines solchen Baumes. Als alleinstehende Bäuerin mit vier Stück Vieh, einem Handtuchacker und ein paar Obstwiesen, die nicht gerade als Filetstücke galten. Nein, so ein Leben würde ich auf keinen Fall leben wollen.

Und doch war es Wirklichkeit und etwas davon hatte sich auf mich übertragen, qua Geburt oder einfach, weil ich mich damit beschäftigte. Schließlich habe ich genau diese Motive fotografiert und nicht die Mädchen mit Zahnspangen im Freibad oder mein selbst gebasteltes BMX-Rad. Irgendwas am Leben meiner Großmutter, was sich für mich an ihren Schaffhänden und der schrundigen Haut offen zeigte, hatte es mir angetan. Die bloße Existenz dieser Baumriesen mit ihren versteinerten und vernarbten Stämmen, die aussahen wie Elefantenbeine, zog mich in den Bann. Vielleicht war es den ähnlichen Oberflächen geschuldet, Borke und Haut, die für einen Fotoschüler mit Zugang zu einem Schwarz-Weiß-Fotolabor ein dankbares Motiv darstellten. So oder so: Ob mich diese Strukturen, an denen das Altern und das Verfließen der Zeit sichtbar wurden, formal oder thematisch faszinierten – ich habe als Siebzehnjähriger beides ausgiebig fotografiert. Nicht nur einmal, es gibt

meine Oma und die alten Obstbäume in Dutzenden von verschiedenen Einstellungen, in Hunderten von Abzügen. Meiner Schule gegenüber habe ich deswegen bis heute kein schlechtes Gewissen, ich sah mich als Resteverwerter dieser teuren, aber abgelaufenen Fotopapiere. Irgendjemand musste doch diese Tausenden von Ilford-Silberbromid- und kartonierten Sepia-Hochglanzpapiere verbrauchen. Dass bei dieser Arbeit auch der Same für meinen heutigen Beruf als Dokumentarfilmer gelegt wurde, erkannte ich erst später. Womöglich haben mich die alten Storren doch geprägt. So nannte meine Oma nicht nur schief gewachsene Bäume, sondern auch andere alte Leute im Dorf.

Ob die Menschen vor ein paar Hundert Jahren ihre Apfel- und Birnbäume auch als alte Storren bezeichnet haben? Oder sahen die Bäume damals attraktiver aus? Zumindest hatten sie einen wirtschaftlichen Nutzen und wurden deswegen geschätzt. Sogar weitergezüchtet, hin zu mehr Süße und Knackigkeit. Viele davon tragen Namen, die auf ihren Züchter oder Entdecker zurückgehen. Jakob Fischer zum Beispiel. Ein fester Begriff meiner Kindheit, als wüsste selbstverständlich alle Welt, dass es sich bei Jakob Fischer um eine Apfelsorte handelt; deren Herkunftsgeschichte war allerdings längst in Vergessenheit geraten. Wie konnte jemand wegen eines Baumes so berühmt werden?

Ich stelle mir vor, dass es eine Art Wettbewerb innerhalb der Züchter-Community gab, eine möglichst erfolgreiche Obstsorte hervorzubringen, um sich so in der Hall of Fame of Pomologie zu verewigen. Aber vielleicht war es den meisten egal. Bei Wikipedia finde ich eine Liste mit sechstausenddreihundert Kulturapfelsorten. Haben die Wildapfelsorten auch Namen?

Um mich nicht gleich in so einer Liste zu verlieren, reduziere ich mein Interesse auf süddeutsche Apfelsorten und stoße auf immerhin noch tausend alte Sorten. Die Champagner Bratbirne als beliebteste Mostbirne, von den Fildern bei Stuttgart, erste Beschreibung 1760, Pfarrer Christ benannte sie 1797 in seinem *Handbuch über die Obstbaumzucht und Obstlehre* mit dem Namen Champagner Weinbirne, seit 1823 führt sie den heute üblichen Namen.

In den Sortenlisten Württembergs tauchen weitere Kandidaten auf, wie der Sonnenwirtsapfel aus Göppingen, Jakob Lebel oder die

Palmische Birne, Herkunft: unbekannt. Aber auch Ortschaften und heute bedeutungslose Dörfer von der Alb haben es auf diese Weise zu Bekanntheit gebracht. Gingener Luiken, Uracher Bergapfel, Bittenfelder Sämling, Owener Mostbirne, Stuttgarter Gaishirtle. Ich merke, wie ich ins Wikipediaversum abdrifte und in einer Zeit-Raum-Schleife festsitze. Lustige Namen tauchen auf, die ebenso eine Liste wert wären: Adams Apfel, Allerweltsapfel, Apfel 48 (ehem. DDR), Banana, Pomme de Transylvanie, Beefsteak, Ben Hur, Eros oder Excel.

An den Namen sieht man auch, wann die Ära der Neuzüchtungen endete. In der Hitparade des meistverkauften Tafelobsts finden wir auf den vorderen Plätzen Stars wie Pink Lady und Royal Gala. Pink Lady wurde 1973 vom australischen Department of Agriculture gezüchtet und gedeiht aufgrund ihrer Empfindlichkeit bei uns gar nicht. Und sämtliche Äpfel der Gala-Züchtungen kommen aus Neuseeland. Würde man heute eine neue Sorte züchten, hieße sie wahrscheinlich nach Celebrities, Filmen oder Computer Games: Taylor Swift, Steve Jobs, Avatar oder Minecraft.

Auffallend viele traditionelle Sorten haben englische Namen. British Apple Culture. Wenn die Empfehlung mit dem »apple a day« von allen in England befolgt wird, braucht man dort entsprechend viele Äpfel.

Und dann sind Äpfel und Birnen auch noch eine Wissenschaft für sich: Es gibt unzählige Werke zur Züchtung und Veredelung dieser oft zufällig gefundenen Obstsorten. Allesamt im letzten und vorletzten Jahrhundert erschienen. Vor allem Bücher mit Rezepten zum Verarbeiten der Früchte und Verfeinern ihres Geschmacks waren weitverbreitet. Gleichwohl wurde das meiste Wissen mündlich überliefert, von der Großelterngeneration an die Jüngeren weitergegeben – seien es praktische Anweisungen, wie ein Baum geschnitten werden muss, damit er mehr Ertrag bringt, oder Ratschläge zum Bestäuben der Blüten im Frühjahr, wenn Imker traditionell ein Franchise Business mit den Obstbauern eingingen und ihre Bienenvölker auf die Obstwiesen stellten. Bestäubung gegen Nektar. Sex im Tausch gegen Honig.

Aber der wichtigste Beitrag, den Obstbauern liefern konnten, betraf das Geheimnis der Verarbeitung. Auch wenn der Spruch stimmt: »Gären tut's immer!«, sind es bis heute die kleinen Raffinessen und Kunstgriffe, die aus einem Allerweltsgetränk ein Getränk mit Charakter zaubern.

## Äpple Länd

Äpfel und Birnen gibt es überall auf der Welt, laut den Herkunftsetiketten im Supermarkt kommen sie sogar aus Südafrika, Neuseeland und Peru. Obwohl Europa das Kernland einer jahrhundertealten Apfel- und Birnenanbautradition ist, kennen die meisten nur die endlosen Plantagen am Bodensee und in Südtirol mit modernem Tafelobst. Neue schnell wachsende Züchtungen mit Namen wie Royal Gala oder Pink Lady. Die kann man kaufen oder es auch lassen. Irgendwas Verdächtiges haben sie für mich; vielleicht hilft mir meine Nase und das Aufwachsen in real apple culture, dass ich bei der Wahl zwischen einem grasgrünen Kosmetikapfel und dem schrumpeligen, aber intensiv schmeckenden Exemplar einer alten Sorte instinktiv zum Letzteren greife. Neuerdings werden die alten Hochstammsorten Wiesenobst genannt, um sie vom Tafelobst abzusetzen. Wiesenobst, als eigenes Label, klingt wie Landmilch oder Wildlachs, aber ich verstehe schon, dass man dem Baby einen Namen geben muss.

Ich bin in einer Gegend aufgewachsen, die auf der Landkarte der Vegetation und des Pflanzenanbaus mitten in einem riesigen Oval liegt, das als größtes Vorkommen alter Apfel- und Birnensorten gilt. Nirgendwo auf der Welt stehen mehr hochstämmige Apfel- und Birnbäume herum. Das ist landschaftsprägend, aber nicht mehr identitätsstiftend. Niemand würde sagen: Ich komme aus der Gegend mit den großen alten Apfel- und Birnbäumen. Dagegen würde »Ich komme aus den Redwoods« als ebenso glaubhafte wie beeindruckende Herkunftsbezeichnung durchgehen. Obwohl unsere Birnbäume mit ihren zwanzig Meter Höhe genauso Eindruck machen können.

Auf einer Landkarte der geschmacklichen Herkunft würde ich mich in einem obstschwangeren, aromatischen Fruchtmilieu wiederfinden. Hier duftet es im Frühjahr nach Apfel- und Birnenblüten, im Sommer nach Heu, Gras und Kräutern, und sobald die ersten Früchte am Baum reifen und auf den Boden fallen, umhüllt mich eine fruchtige, saftige, säuerliche, leicht parfümierte Atmosphäre. Im Winter ziehen, wie Bodennebel, letzte Duftschwaden von vergorenem Obst oder am Baum vergessenen Äpfeln und Birnen über die feuchten Wiesen, nicht unbedingt lecker, ein

bisschen so wie der Geruch von Bier und Wein nach einer wilden Party, aber daran erinnernd, dass man was Tolles erlebt hat.

Ich habe mir vorgenommen, mit meinem Bike das Äpple Länd zwischen Schwarzwald und Schwäbischer Alb zu erkunden. Diese Blase, die sich die Albkante entlangzieht, zwischen Schwarzwald und Oberschwaben hinunter bis an den Bodensee. Nie war unsere Gegend das Zentrum von etwas. Wenn mich jemand fragt, beschreibe ich sie mit »an der B 10 zwischen Stuttgart und Ulm gelegen«; immer hatte ich das Gefühl von Peripherie, am Rand des Großraums Stuttgart, weder Stadt noch Land. Und diese alten Apfel- und Birnensorten tragen eben auch keine echte DOCG-Typenbezeichnung. Sie sind keine Spezialität mit Herkunftsbezeichnung, so wie Schwarzwälder Schinken oder Bayerisches Bier, dank der sich manche Einheimischen ganz identisch mit ihrer Gegend fühlen und selbst regelrecht zu DOCG-Typen werden. Aber für eine »Denominazione di Origine Controllata e Garantita«, wie Kaiserstuhl, Hegau, Allgäu – dafür ist die Alb zu unzusammenhängend.

Wenigstens könnte auf dem braunen Infoschild an der B 10 nicht nur ALBTRAUF stehen, sondern »ältestes Apfel- und Birnenanbaugebiet der Welt«.

Vielleicht sprechen wir eines Tages von den Swabian Pearwoods. Statt zu berühmten Mammutbäumen wie General Sherman und Hyperion werden Touristinnen und Touristen eines Tages Wegweisern folgen zu Bäumen wie Hans Apfelkern oder die Kandelaber-Birne von Schlat.

## Champagner Bratbirne

Beeindruckende Landschaftsfiguren im Südwesten sind die uralten Obstbäume allemal. Die Apfelbäume sind breitkronig und haben eine expressive Silhouette. Die Birnbäume stehen meist vereinzelt und massighochrankend. Sie sind die Elefanten unter den Savannenbäumen einer schwäbischen Wiesenlandschaft. Für hiesige Verhältnisse Baumriesen mit oft zwanzig Meter Höhe bieten sie vertikalen Lebensraum gleich auf mehreren Etagen. Ein veritabler Ort der Artenvielfalt für unterschiedliche Tiere und Insekten. Die meisten Früchte dieser alten Sorten kann man roh eigentlich nicht essen. Zu bitter und adstringierend zieht dieses Mostobst einem den Speichel im Mund zusammen. Auf Schwäbisch hat sich dafür ein eigenes Wort entwickelt: räß. Was so viel bedeutet wie: Das zieht dir das Wasser im Mund zusammen. Wie Jörg Geiger es schafft, dass einem das Wasser im Mund stattdessen zusammenläuft, ist wohl sein großes Geheimnis.

Ganz am Anfang seiner Geschichte steht eine alte Sorte: das Stuttgarter Gaishirtle. Diese schwach, aber sehr fein duftende Sommerbirne ist die erste im Jahr, die man schon ab August essen kann, und hält sich nur paar Tage. Ein Zufallssämling, von einem Ziegenhirten am Albtrauf entdeckt. Jörg Geigers Vater hatte mit seiner Brennerei schon erste Versuche gemacht, das Stuttgarter Gaishirtle zu destillieren. Im Grunde war es viel zu schade dafür, weil man das bisschen Frischobst, das der Baum liefert, besser direkt verzehrt, als daraus eine geringe, wenn auch exquisite Menge Schnaps zu machen. Dennoch hatte der Vater wohl genug Kundschaft aus Stuttgart, die den feinen, betörenden Duft dieser raren Frucht schätzte. Tief in Jörg schlummerte das Gaishirtle als Kindheitstraum wie eine Geschichte von Astrid Lindgren und wartete auf den Tag, bis es zum Auslöser wurde, um die wahre Königin der Birnen zu krönen – die Champagner Bratbirne.

Sie wird im traditionellen Champagnerverfahren hergestellt: zwei Jahre im Fass gereift, auf die Flasche gefüllt, zweifach gerüttelt während der Flaschengärung und am Ende degorgiert, um den Hefepilz abzuschütten. Champagner aus einer Mostbirne, das klingt wie Heavy Metal vom Symphonieorchester gespielt.

Früher haben die Bauern aus der Champagner Bratbirne, dieser alten schwäbischen Birnensorte von den Fildern, Schaumwein hergestellt. Eine unscheinbare runde Birne, die eher wie ein Apfel aussieht und erst schmeckt, wenn man ihre versteckten Qualitäten herauskitzelt.

Jörg Geiger hat sie wiederentdeckt. Die beiden alten Bäume hatte er geerbt vom Großvater mütterlicherseits, der mehr aus Jux und Tollerei seinen eigenen Schaumwein aus der Champagner Bratbirne fabriziert

Das ist sie, die Königin unter den Mostbirnen –
die Champagner Bratbirne

Obstbauern auf den Fildern bei Stuttgart – so muss die Apfel- und Birnenernte wohl seit Jahrhunderten ausgesehen haben

hatte. Es gibt viele Erzählungen von Familien hier in Schlat, die das immer wieder im Winter gemacht haben, weil sie nicht viel anderes zu tun hatten und sich echten Champagner niemals hätten leisten können. Ihre Absicht war nicht, diesen Sekt zu vermarkten, sie leisteten ihn sich einfach als Festtagsgetränk für außergewöhnliche Anlässe. Birnensekt für Weihnachten, für Silvester oder um auf die Geburt eines neuen Kindes anzustoßen. Jörg wollte auch einfach so, für den eigenen Spaß, dieses alte Verfahren ausprobieren. Bauern-Champagner. Drei alte Mostfässchen im Gewölbekeller voller Spinnweben waren der Ausgangspunkt. Das Ergebnis überzeugte zumindest so weit, dass er dranbleiben wollte und weitere Getränke-Experimente wagte.

Von der Champagner Bratbirne gibt es in Deutschland noch achthundert Exemplare. Allesamt im Albvorland zwischen Hohenstaufen und Teck. Einige wenige finden sich noch in der Region Rems-Murr und rund um Stuttgart. Die Verbreitung entspricht der Anbauempfehlung aus dem 19. Jahrhundert, somit sind sie alle um die zweihundert Jahre alt. Heute ist die Champagner Bratbirne, wie die meisten anderen Apfel- und Birnensorten, eine überalterte Sorte, einst gepflanzt von Bauern, die mit einer neuen klimatischen Epoche konfrontiert waren. Ursprünglich wurde hier in der Gegend Wein angebaut. Irgendwann ab dem 15. Jahrhundert kam die Kleine Eiszeit. Die Temperaturen sanken nach und nach und machten Weinanbau unmöglich. Ich frage mich, wie Wein vom Rand der Schwäbischen Alb mit seinem damals schon rauen Klima geschmeckt hat. Herb, grasig, unreif?

Auf den ehemaligen Weinfeldern wurden massenweise und per königlichem Dekret Apfel- und Birnbäume gepflanzt. Aus dem Landschaftsobstbau wurden im Lauf der folgenden zwei Jahrhunderte Streuobstwiesen. Heute sehen diese Restbestände pittoresk hingestreut aus und setzen Akzente, die Landschaftsgestalter nie so schön hätten planen können. Hier ein mächtiger Solitär, dort eine unregelmäßige Allee entlang eines Feldwegs, auf manchen Wiesen total abstrakt verteilt. Eigentlich sind es Ruinen einer Landschaftskultur, Bruchstücke eines Gesamtbilds. Vom Flugzeug aus werden sie zu Landschafts-Pointilismus – dunkelgrüne bis weinrote plastische Farbtupfer auf hellem Grün. Wild im Landschaftsbild verstreut, als hätte Jackson Pollock auf Google maps gearbeitet.

Etliche Bäume starben an Überalterung oder wurden gefällt, weil sie ab den Fünfzigerjahren des 20. Jahrhunderts den neuen Landmaschinen im Weg waren. In den Sechzigerjahren zahlte das Landwirtschaftsministerium dann Prämien für die Rodung von Hochstämmen, um den Obstbau in besseren Lagen wie am Bodensee zu intensivieren und den überkommen erscheinenden Streuanbau in kargen Landschaftsgebieten »zu verwerfen«. Danke dafür, Landwirtschaftsministerium, und für die versuchte Südtirolisierung unserer Landschaft!

Jörg Geiger vergleicht eine heutige Streuobstwiese mit einem Klassenfoto von früher, auf dem die abgebildeten Schulkinder auch nicht mehr alle leben. Mich erinnert so manche Streuobstwiese eher an ein altes Gebiss, das einige Lücken und nur noch wenige schiefe Storren aufweist. Aber Jörg Geiger sieht das weniger dramatisch, für ihn stehen auf einer Streuobstwiese die letzten Repräsentanten einer Ära, die stolz ihrem Ende entgegensehen. Fast so, als wäre es für sie ohne Belang.

Wie alt so ein Birnbaum tatsächlich werden kann, weiß niemand so genau, aber bei einem sehr alten Baum hat man die Jahresringe gezählt und es waren 325. Die letzten achthundert noch bestehenden Champagner-Bratbirne-Bäume haben vor allem deshalb überlebt, weil sie von der Welt vergessen wurden.

Zum ersten Mal betrat diese »räße«, auf den ersten Biss ungenießbare Birne voller Bitterstoffe die Weltbühne im Jahr 1760. Die erste Sortenbeschreibung liefert der Pomologe und Pfarrer Christ in seinem Buch: Sie sei »so streng und rau, dass sie kein Vieh genießen mag. Jedoch, sie macht einen so verwunderungsvollen Wein, der mit dem Champagner eine große Ähnlichkeit hat.«

Bekanntlich darf heute das Wort Champagner als geschützter Begriff für nichts anderes als Schaumwein aus der Champagne benutzt werden. Als nun Jörg Geiger begann, aus den ungenießbaren Birnen Champagner herzustellen und ihn auch so zu nennen, hörte man das in Frankreich gar nicht gerne, und es erging eine entsprechende Abmahnung.

Aber das wollte Jörg als junger Obstrebell nicht hinnehmen. Wie konnte es sein, dass die französische Champagnerlobby ihn, einen kleinen schwäbischen Obstbauern, abmahnte, wo doch der Baum selbst seit zweihundert Jahren die Bezeichnung Champagner in seinem Namen trug? Es standen sich also eine geschützte Ursprungsbezeichnung und eine alte schwäbische Birnbaumsorte gegenüber.

Jörg Geiger ließ sich nicht abwimmeln und nahm den Kampf gegen die Champagnerlobby auf. Es kam zu einem Rechtsstreit vor dem Bundesgerichtshof, ob Produkte aus dieser Obstsorte so heißen dürfen oder nicht. Das Gericht konnte ihm nicht gänzlich verbieten, den alten Namen für seinen schwäbischen Birnenschaumwein zu benutzen, er durfte aber den Wortbestandteil Champagner nicht plakativ herausheben. Am Ende einigten sich in einem gerichtlich bestätigten Vergleich die Vertreter der Champagne mit Jörg Geiger auf die Bezeichnung »Birnenschaumwein aus der Obstsorte Champagner Bratbirne«, nicht vorn auf dem Hauptetikett, sondern zur Rettung der Grande Nation auf dem Rückenetikett der Flasche. Vom juristischen Streitfall bei ihrem ersten Auftritt in der Welt der Getränke wurde die Champagner Bratbirne zu einer kulinarischen Besonderheit. Als Schaumwein schmeckt sie ganz fein und komplex nach Bittermandel und feinen Wiesenkräutern, und tatsächlich leicht hefeartig, nach Briochenoten duftend, so wie man das von einem guten Champagner kennt. Nichts ist mehr vom räßen, bitteren und adstringierenden Geschmack zu spüren, wie ihn die Birne unverarbeitet hat.

In der Tat fressen nicht mal die Schafe die heruntergefallenen Birnen, weil sie zu diesem Zeitpunkt noch ungenießbar sind. Der kluge Pfarrer Christ verrät aber zum Glück in seinem Obstbuch, wie man mit dieser anstrengenden Diva umzugehen hat: »Man grabe ein Erdloch und lasse die Früchte darin einige Wochen lang mit Laub und Reisig bedeckt schwitzen.« Vielleicht war das ein Grund, weshalb die Obstbauern hier in der Gegend diese Birnbäume schon lange aufgegeben hatten. Zu aufwendig erschien die Herstellung des kulinarischen Spaßes, den man sich zwar gern zu Weihnachten gegönnt hatte, der aber mit seiner langwierigen Flaschengärung in keiner Relation zu dem kurzen Genussmoment stand.

Als Kind war ich mit meinem Vater zu Besuch beim »Helme«, einem alten Bauern in Unterweckerstell, der in seinem Keller ein Fässle mit Festtagsmost und eine Handvoll Flaschen mit demselben gebunkert hatte. Ich durfte auch mal probieren und kam in den Genuss dieses prickelnden

Getränks. Ich erinnere mich, wie ich ausrechnen sollte, wie alt der Sekt sein musste, wenn er anlässlich von Helmes Hochzeit im Jahr 1946 hergestellt worden war.

Wilhelm, dieses alte runtergeschaffte Männle, der immer nach Kuh roch, und in dessen Bauernhaus der Geruch einer Zeit eingefangen war, die mich faszinierte und vor der mir gruselte, erzählte von den Weihnachtsfesten, die er in den Zwanzigerjahren als Kind hier auf dem Bauernhof erlebt hatte, wenn zu diesem besonderen Anlass auch die Kinder einen Schluck probieren durften. Was für ein Fest und Kuriosum, wenn die Flaschen mit schäumendem Birnenmost mit einem lauten Knall geöffnet wurden, in einer Gegend, in der sonst wenig knallte.

»Im Mostkeller stehen noch ein paar, aber ob die noch was sind«, Helme war sich unsicher, ob man sie noch trinken konnte, und schlug vor, dass ich eine holen gehen sollte. Ich mochte diesen Schauer in den Nackenhaaren, die feuchte Stiege ins Totenreich hinabsteigen zu müssen, voller Neugier und in dem Wissen, dass es seit Kurzem keine Monster mehr gab.

Oben unterhielten sich die beiden über Helmut Palmer, einen Obstbauer aus der Gegend, der einen eigenen, nach ihm benannten Baumschnitt entwickelt hatte; er machte als »Rebell aus dem Remstal« von sich reden und ließ sich ein ums andere Mal im ganzen Schwabenland zur Bürgermeisterwahl aufstellen, scheiterte aber am konservativen politischen Establishment. Er war das Politikum der Siebzigerjahre und ich lauschte mit großen Ohren den Erwachsenengesprächen. Sein renitenter Politikstil erregte in gleichem Maße Aufsehen wie sein unkonventioneller Baumschnitt. Ich nahm wahr, wie über ihn schlecht geredet wurde, aber sein Baumschnitt Akzeptanz fand. Jahre später hatte sich seine Baumschnittmethode durchgesetzt, seine Vorstellung von Politik vielleicht auch, auf anderen Wegen, aber für Politik war ich trotz großer Ohren damals zu jung.

Wilhelm bat mich, eine Flasche zu öffnen. Mit einem für heutige Verhältnisse ruhigen Knall löste sich der Korken. Ich bekam den Geschmack nicht gleich zu fassen und war eher damit beschäftigt, herauszufinden, ob man Zeit in einem über vierzig Jahre alten Getränk schmecken kann. Ich glaube, es schmeckte mir nicht, aber etwas von diesem Erlebnis prägte sich mir ein, eine geschmackliche Erinnerung.

Vielleicht war es auch die ganze Mischung aus Obstwein, dem Geruch von Milch und Kühen, knarzenden dunklen Stiegen, Holzfeuer in einer uralten Bauernstube, dem Eigengeruch einer damals schon vergangenen Bauernwelt.

Seit Jörg Geiger 1993 das Lamm in Schlat übernommen hatte, suchte er mit dem kulinarischen Selbstbewusstsein eines Franzosen für seine Menüs nach einem regionalen Getränk, als Aperitif vornweg. Vier Jahre später holte er die Champagner Bratbirne in die Gegenwart und machte aus einem Bauernsekt, der nach dem Rechtsstreit mit der Champagne nicht wie ein Trittbrettfahrer daherkommen sollte, einen Schaumwein mit Eigencharakter.

Er nahm sich vor, die feinen Aromen herauszukitzeln, indem er die Birnen ausgiebig in großen Wannen schwitzen ließ, bis sie ganz gelb und weich wurden. Solch ein matschiges Ausgangsprodukt, das innen schon braun war und von selbst zerfallen wollte, hätte er unmöglich mit der Mostpresse auspressen können. Den entscheidenden Tipp fand er in einem alten Buch. Die Bauern hatten die ausgereiften Birnen nicht mit Kraft gepresst, sondern grob gestückelt und in Jutesäcke gefüllt, die wie Feuerwehrschläuche aufgehängt wurden, und allein durch ihr Eigengewicht und das sanfte Verdrillen dieser gefüllten Schläuche ließ sich der klare Birnensaft schonend gewinnen.

An seinem umständlichen Versuch mit den ersten zweihundert Flaschen fand er Gefallen und im darauffolgenden Jahr machte er den Prozess effizienter. In Italien entdeckte er eine Maschine, die für das sanfte Auspressen von Beeren konzipiert war, und bestellte diese in Groß: fünf Meter lange weiße Schläuche, die wie Nylonstrümpfe funktionieren, werden mit der Maische aus den Champagner Bratbirne gefüllt und langsam auseinandergezogen. Heraus tropft der hellbraune Saft, der grob gefiltert wird und zwei Jahre im Fass ruhen muss, bevor er auf die Flasche gefüllt wird.

Im zweiten Jahr reichten die Birnen schon für tausend Flaschen Schaumwein. Heute wird der Ertrag von ungefähr fünfhundert Champagner-Bratbirne-Bäumen in der Manufaktur bei Jörg Geiger abgeliefert. Hat es sich doch herumgesprochen, dass der verrückte Sekthersteller aus Schlat den doppelten Preis zahlt für sortenrein abgelieferte

Birnen, und mancher Stücklesbesitzer macht sich seither die Mühe, diese komische Champagner Bratbirne zu ernten, die plötzlich bares Geld wert ist.

Aber es gibt noch viel mehr »ungenießbare« Birnensorten: die Gottes Ackerbirne, die Glockenbirne und die Grüne Jagdbirne. Und auch Apfelsorten wie den Hauxapfel. »Bei den alten Apfelsorten gibt es sicher einige Bittersorten, aus denen wir immer noch zu wenig machen. Alles ungeschliffene Juwelen der schwäbischen Wiesenobstlandschaft.« Es sind besonders diese schwierigen Sorten, die es Jörg Geiger geschmacklich angetan haben.

## Baum ab!

Später Februar, ein nebliger Nichttag, die Motorsägen hör-, aber nicht sichtbar im ganzen Tal. Später, als ich mit dem Fahrrad zurückkomme, sehe ich das Ergebnis. Bauer Helmut hat seinen alten Apfelbaum umgesägt. Er stand mitten auf der großen Ebene vor unserem Weiler. Ich fahre zu ihm hin und frage ihn direkt: Warum? Ich erwarte irgendein gestammeltes vorgeschobenes Argument, aber er schaut mir in die Augen, und aus seinem Mund kommt, wie aus der Pistole geschossen: »Weil er im Weg war.«

Auf einer geraden freien Fläche von fast einem Kilometer soll ein einziger Baum im Weg sein? Man müsste schon einem Bauern auf dem Trecker die Augen verbinden und ihn direkt darauf losfahren lassen, und selbst dann würde er den Baum nicht erwischen.

Was für fadenscheinige Gründe, genauso wie er irgendwas davon murmelt, dass er jetzt in Rente sei und diese Wiese an den Großbauern verpachtet habe. Damit dieser Platz habe zum Wirtschaften und mit dem großen Traktor fahren könne. Und überhaupt, wenn er älter werde, werde er nicht mehr die Kraft haben, einen großen Baum umzumachen. Alles schlimme Argumente, ich halte ihm entgegen, dass der Baum schon da war, bevor er auf die Welt kam, und dass dieser Baum auch gut noch weiter ohne ihn auf der Welt sein könnte.

Vielleicht waren es auch Ausreden, denn kurze Zeit später hatte der Baumstamm einen neonfarbenen Barcodesticker, wohl weil er als Furnierholz verkauft wurde. Immerhin bekommt er ein zweites Leben als schickes Sideboard im Apfelholzlook.

Mittlerweile ist vom großen alten Apfelbaum nichts mehr zu sehen. Den Wurzelstamm hat der Bauer mit dem Traktor rausgezogen und alles eingeebnet. Der neue Pächter kann jetzt ganz easy über die Wiese fahren, als ob nie etwas gewesen wäre.

Alles dumm, weil auf diesem Baum der Mäusebussard saß. Wahrscheinlich hat die Wiese nächstes Jahr doppelt so viele Mauslöcher und abgefressene Stellen. An der Stelle, wo der Baum stand, ist es mittlerweile sumpfiger, wahrscheinlich hat sich irgendjemand vor hundert Jahren etwas dabei gedacht, gerade hier einen Apfelbaum zu pflanzen.

FRÜHLING

GP
U 417

Aufgegebene Obstwiese bei Schlat mit Blick ins Filstal

## Schlehen und Douglasien

Weil ich asphaltierte Straßen nicht immer mag, fahre ich mit dem Mountainbike gern auf Wurzelpfaden die Albkante entlang oder auf alten Feldwegen mit geschotterten Spurrillen, die früher oder später alle auf einer Obstwiese enden. Eine Landschaft wie aus dem Bilderbuch, selbst in Schwarz-Weiß. Das älteste Obstanbaugebiet der Welt. Dreißigtausend Hektar voller knorriger alter Apfel- und Birnbäume.

Vieles blüht schon im März. Buschwindröschen an den Waldrändern und weiß blühende Hecken. Zu wenig, um von Farbe in der Landschaft zu sprechen. Aber der Ton ist wieder da, erste Bienen summen, anfangs nur in der wärmeren Mittagsstunde, so als wären sie auf Reha und müssten sich schonend ans Fleißigsein gewöhnen. Die Vögel haben die Stimme zurückbekommen. Sie zwitschern und üben in jeder Hecke morgens und abends und können schon bald entlassen werden in den Frühling. Nur die Obstbäume stellen sich noch tot.

Ich besuche Jörg häufig mit der Kamera und wir drehen Filmchen für Social Media. So werde ich langsam selber in die Qualitäten unseres Landstrichs eingeweiht. Der Reiz dieser Gegend mit ihren knorrigen Bäumen ist nicht nur ihr Anblick, sondern wohl auch ihr Geschmack.

Die Neunzigerjahre waren der Tiefpunkt der schwäbischen Obstkultur. Die Wiesenbäume erschienen sinnlos. »Außer dass sie vielleicht noch einmal warm geben«, so der beliebte Spruch unter der scheidenden Generation von Bauern, die ihr Leben lang alles in der Natur nach Verwertbarkeit eingestuft haben.

Für Jörg Geiger war der Baumbestand dagegen der Ausgangspunkt, um zu zeigen, dass weitaus mehr Wert und Potenzial in dieser Kulturlandschaft steckt, als ihr viele zutrauen. Er will dieses Potenzial neu ausschöpfen, denn die alten Bäume taugen zu mehr, als noch einmal warm zu geben.

So wie in Frankreich die Menschen selbstbewusst zu den Erzeugnissen ihrer Gegend stehen, sei es ein Käse oder Wein, so offenbart sich der Charakter unserer Landschaft wohl am deutlichsten im Geschmack dieser alten Apfel- und Birnbäume.

Als Koch geht es Jörg Geiger immer um die Aromen. Die Säure der Äpfel, die Gerbstoffe der Birnen sind nur die Basis. Hinzu kommen verschiedene andere Aromen, am liebsten von Pflanzen aus der Region. Dafür fängt er an, mit ungewöhnlichen Zutaten wie Kräutern, Gewürzen oder Blüten in seinen Getränken zu experimentieren.

Mit den ersten Frühblühern gehen die Mitarbeitenden der Manufaktur auf die Suche nach Haselnusspollen, Bärlauch und dem zarten Duft von Schlehenblüten. Am Waldrand und an den Rainen, den steilen Grenzstreifen zwischen zwei Wiesen, die Jörg zum Glück nie eingeebnet hat, gibt es Unmengen von Büschen und Sträuchern. Ludmilla und Georgy aus Rumänien fahren mit dem Traktor weit auf die Wiese raus und weichen geschickt den sumpfigen Stellen aus. Zusammen legen sie eine große Plastikplane neben die Hecke und fangen an, die weißen Büsche zu schneiden. Die sperrigen schwarzen Äste stehen in voller Blüte, ein paar Windböen blasen die gewichtlosen Blütenblättchen umher. Frühlingshafte Überschwänglichkeit liegt in der Luft, als ob gerade geheiratet wird. Wer aber schon mal Schwarzdorn geschnitten hat, kennt die fiesen langen Dornen, die nicht mal Ziegen fressen. Einen größeren Kontrast in den Eigenschaften einer Pflanze kann ich mir kaum vorstellen. Mit dicken Handschuhen schneiden Ludmilla und Georgy die ineinander verwachsenen Zweige aus dem Dickicht.

»Du kannst die Blüten natürlich auch essen.« Georgy steckt sich ganze Blüten in den Mund und kaut darauf herum. Ich fühle mich aufgefordert, sie ebenfalls zu probieren. Einen etwas stechenden, muffigen Blütenduft nehme ich wahr, doch wie will Jörg dieses flüchtige Aroma einfangen? Zuerst schmecken sie etwas bitter, nach Holzrinde. Aber je länger ich kaue und der Speichel zersetzend wirkt, kommen bei meinen Geschmacksknospen im Mund Zitrus und Süßholz an. Nachdem Ludmilla und Georgy einen Berg frischer weiß blühender Triebe freigeschnitten haben, ziehen sie die Plane voller Gestrüpp hoch zum Traktor und laden auf.

Weil er für seinen Prisecco No. 25 zusätzlich frische Douglasienzweige braucht, fahren wir hoch an den Waldrand und ernten gleich ganze Zweige, die in den Weg reinwachsen.

Gemächlich geht es auf dem alten lauten McCormick-Traktor zurück ins Dorf, wo Jörg Geiger am Rand von Schlat seine neue Manufaktur gebaut hat. Hier steht eine eigene Halle für die Obstanlieferung, mit Tanks und einer Flaschenabfüllanlage, denn der Gasthof im alten Ortskern war zu klein geworden, seit immer mehr Bauern ihr Obst bei ihm anlieferten und es zu langen Staus im Dorf kam.

Die Schlehenblüten müssen schnell verarbeitet werden, sonst fliegen sie vollends alle davon. Um an den duftigen Geschmack heranzukommen, steckt der experimentierfreudige Obstbauer alles in einen Gartenhäcksler. Heraus kommen zerriebene Holzfasern und ein beeindruckender Geruch. Der Frühling persönlich, nach saftigem Holzgeruch und penetrantem Blütenstaub duftend, wie wenn man zu stark an einer Blume riecht. Jörg drängt, er will zügig verarbeiten und schüttet das Gehäckselte in einen großen Bottich mit eingelagertem Apfelsaft. In diesem Ansatz dürfen die zarten Blüten und fiesen Dornen ihren Geschmack an den Saft abgeben. Ein Direktauszug. Morgen wird daraus der Prisecco No. 20: Mostbirne – Wacholder – Schlehe. Es wäre für Jörg Geiger sicher einfacher gewesen, den Schlehengeschmack aus Fertigessenzen zu erzeugen.

Was noch reinmuss, sind Brombeere und Schafgarbe. Beides gesammelt im letzten Jahr und eingefroren. Den flüchtigen feinen Duft der Schlehe kann man nicht einfrieren, die anderen Zutaten schon. Diesen Prisecco, aber auch den Prisecco No. 25 kann Jörg nur herstellen, wenn die Schlehen blühen. Bei Letzterem, Birne – Schlehe – Douglasie, spielt die Schlehe eine andere Rolle, sie liefert quasi das liebliche Gegenstück zur herb-harzigen Intensität der Douglasie. Auch die Douglasie wird gehäckselt, komplett, weil Jörg Geiger nicht nur das Zitronenaroma der Spitzen haben möchte, für die die Douglasie bekannt ist, sondern auch die holzig-harzige Note. Aus den gehackselten Zweigen stellt er in der Destillerie ein Hydrolat her, ein Pflanzenwasser. Für ein Destillat lässt man normalerweise in einer Brennerei Alkohol verdampfen. Genauso kann man im Brennkessel auf Wasserbasis arbeiten und ein Hydrolat gewinnen, um so an die Essenzen eines Geschmacks heranzukommen. Vor allem den Sweet Spot, also das Mittelstück zwischen Vor- und Nachlauf, braucht Jörg für sein Getränk.

Nach mehreren Stunden tröpfelt oben aus der Destille reines Douglasienwasser in einen Bottich. So intensiv, dass diese paar Liter für viele

Flaschen No. 25 reichen. Doch vorher kommt noch Johannisbeere hinzu, die bringt rotfruchtige Aromen.

Der Tank, in dem Jörg Geiger alles anmischt, füllt sich zunehmend. Bisher ist es noch ein Saftgemisch. Ich sehe einen Koch beim Abschmecken, er taucht ein Glas in die Brühe und riecht lange daran, dann nimmt er einen Schluck und schlürft betont lang und laut: »Säuerlich von den Äpfeln, Bitterstoffe kann ich schmecken, aber auch intensive Süße von den Birnen, wie satt-reifes Obst im Zwischenstadium zwischen überreif und angegoren. Dazu das Frisch-Fruchtige von der Johannisbeere.«

In den Zweihundert-Liter-Bottich gibt Jörg Geiger noch zwei Liter Aroniakirsche, diesmal dazugekauft. Sie bringen den herben Geschmack von Waldboden. Am Ende folgt dann der Apfelsaft mit der Lieblichkeit und Frühlingshaftigkeit der angesetzten Schlehenblüten. Meine Zunge meldet: Multifruchtball! Aber sauer, ungestüm, schweißtreibend.

Jetzt fügt Jörg Geiger dieser Mischung noch das besondere Etwas hinzu: Gewürze. Ich schmecke etwas Wacholder heraus, aber was ist es noch? Ich kenne die Gerüche und ihre Wirkung auf meiner Zunge, aber ich komme nicht drauf, es ist wie bei einer Pho-Suppe oder einer geistreich gewürzten thailändischen Spezialität. Er schüttet diverse abgewogene Pulver hinein. Jetzt ist der Koch voll in seinem Element, schmeckt ab, würzt noch etwas nach, probiert wieder, indem er sein Weinglas durch den Bottich zieht, in dem die Ursuppe langsam gerührt wird. Riecht, schmeckt, bei geschlossenen Augen. Bei mir macht es Peng im Mund und ich habe auf einmal das Gefühl, mehr zu schmecken als die Summe der mir bekannten Zutaten. Auch wenn ich den verrückten Sud noch hundertmal koste, ich komme nicht drauf, welche Geschmacksnoten alle gleichzeitig in meinem Mund auftauchen. Selbst als der Koch mir die ganzen Gewürze verrät, die sich mittlerweile im Bottich befinden.

Jörg lässt mich im Flaschenlager noch andere Flaschen mit seinen Cuvées probieren, jeder durchlaufend nummeriert von 1 bis derzeit 32, weil er sich nach den ersten wie Rotfruchtig, Weißduftig, Rosenzauber oder Frühlingsduft nicht noch mehr geistreiche Namen ausdenken wollte. Das an und für sich profane Lager mit Hochregalen wird für mich zu einer magischen Halle intensiver Geschmackserlebnisse. Mal schmecke ich ein fruchtig süßes Getränk, mit vielen Beeren, dann eines, das bitter-minimalistisch, streng daherkommt. In einem ist Kaffee drin, in einem anderen Emmer und Heu, auf einem Etikett steht »unreifer Apfel«, auf einem »Birne – Kamille – Linde« oder »Sämling – Rhabarber – Roter Senf«. Oder die No. 27: »Birne – Gurke – Quitte«, dann noch diverse kleine Fläschchen, die sich Inspiration nennen: »Kirsche – Paprika – Rote Bete«. Oder die mit gerösteten Austernschalen. Ein Anflug von Euphorie erreicht mich, wie es mir gelegentlich passiert, wenn in meinem Gehirn Welten aufeinanderprallen, die ich so noch nie zusammen betrachtet habe. Freies Assoziieren mit allem Denkbaren – bei Jörg Geiger: freies Kochen mit unterschiedlichen Ingredienzen, um neue Geschmackserlebnisse zu erforschen.

Ich erinnere mich kurz an die Ausgangsprodukte: einfache Mostäpfel und Mostbirnen, die auf knorrigen Bäumen wachsen und sich jetzt hier zusammen in einer Flasche befinden mit Nadelbaumspitzen, Austernschalen und anderen crazy Zutaten.

Heiliger Birnbaum!

## Männer, die auf Blüten starren

Das Leben wächst auf den Streuobstwiesen so vor sich hin, entwickelt sich nur langsam und zerfällt noch langsamer. Aber einen Moment gibt es im Jahr, der kommt mit einem Knall wie der Tutti-Moment in einem Musikstück, die Wall of Sound, auf die zuvor abwartend und heimlich hingearbeitet wurde. Bei uns auf der Alb ist das der Moment, wenn die Birnbäume beschließen zu blühen. Das sind nicht einzelne zaghafte Blüten. Der Baum kündigt es auch nicht an. Er verwandelt sich schlagartig in wenigen Tagen von einem kahlen Gerippe zu einem weißen Gebirge. Eine Kumuluswolke, die zu schweben scheint, weil Millionen von Blüten aus ihren kleinen Knospen geschossen sind. Noch keine Blätter, kein Grün, so wie beim Apfelbaum, dafür hat die Birne keine Zeit. Der ganze Birnbaum wird zu einer Erscheinung, die zarten weißen Blütenblätter flattern im Wind, fliegen davon, locken die ersten Bienen an und warten auf ihre Bestäubung. Es sind so viele Blüten, dass man sie ringsum riechen kann, obwohl der Duft an sich unmerklich ist, er hat etwas

Apfel- oder Birnenblüte? –
Die Blütenblätter des Apfels sind leicht rosa, die der Birnen immer weiß

Zitrushaftes und elegant Blumiges und auf jeden Fall etwas Reines, noch nie da Gewesenes. Das ist die schönste Zeit, um unter den Bäumen zu liegen, auch wenn es noch viel zu früh im Jahr dafür ist. Kein anderer Moment im Jahreslauf der Obstbäume ist dramaturgisch so stark gesetzt wie der Ausbruch der Blüten.

Was mag wohl in dem Baum vor sich gehen? Woher nimmt er plötzlich und so geballt diese Lebenskraft, um gleichzeitig aus Hunderttausenden von Knospen Blüten auszutreiben? Jede will als Erste bestäubt werden, allen droht die Gefahr, dass die Frühjahrsfröste die ganze Mühe zunichte machen. So ist der Baum wenigstens den Kompromiss eingegangen, die Blüten immer um ein paar Tage versetzt für die Bienen zu öffnen, vor allem an dem heiklen Punkt, wenn der Blütenkelch mit den männlichen und weiblichen Geschlechtsteilen, mit Stempel und Staubblättern, für die Bienen zum Bestäuben bereitliegen und schon ein leichter Frost den tief unten im Kelch sitzenden Embryosack mit den Eizellen abtöten könnte. Eine einzige Hochzeit in Weiß, mit Millionen von kopulationswilligen Apfel- und Birnenblüten.

Ich drehe immer größere Runden die Alb entlang, das Neckartal hinunter, in Richtung Schwarzwald wieder hinauf, umfahre größere Städte wie Kirchheim, Tübingen, Reutlingen und Balingen und lasse mich auf den Flow beim Radfahren ein, auf dieses In-Verbindung-Treten zwischen Landschaft und mir. Ich entscheide ganz nach meiner Lust an jeder Weggabelung neu, wohin die Reise geht, schwenke über entfernte Horizonte, erwische Kleinigkeiten am Wegesrand, die mich auf einen Gedanken bringen, der sich weiterspinnt im Hirn und wieder verfliegt. Ich bin inmitten von blühenden Landschaften und muss dabei lachen, weil der Begriff regelmäßig in Politikerreden für alle möglichen Erfolgsversprechen herhalten muss. Aber hier blüht tatsächlich alles um mich herum, jeder einzelne Baum steht in voller Blüte, ganze Landschaftsteile sind großflächig einfach weiß. Ich schwebe mit meinem Raumgleiter hinein, kurzärmelig durch sonnenwarme Luftkissen voller Lebensfreude.

Jörg Geiger hat mich gebeten, dass ich ihm heute auf der Streuobstwiese helfe, die Bestäubung zu dokumentieren. Ich dachte, das machen die Bienen, aber es geht um Neuzüchtung.

Für Jörg Geiger ist dies das Zeitfenster, in dem er in die Zukunft wirken kann. Die Zweige einiger junger, vor wenigen Jahren gepflanzter Bäume der Champagner Bratbirne und der Karcher Birne sind mit tüllartigen weißlich durchschimmernden Säckchen umhüllt. Was aussieht wie ein Weichzeichner in einem Kinofilm ist Teil seines Forschungsprojekts. An diese Blüten soll nichts und niemand kommen.

Von Weitem wirkt es wie ein Landartprojekt von Christo und Jeanne-Claude. Statt des verhüllten Reichstags oder des Arc de Triomphe in Paris wurden hier Äste blühender Obstbäume in weißlich durchscheinende Stoffsäckchen verpackt. Zum Weiß der Blüten noch das Weiß des Tülls. Im Näherkommen sehe ich zwei Gestalten auf der Wiese stehen, die offenbar an dem Inhalt der Säckchen interessiert sind.

Ich stelle mich dazu, werde nur kurz wahrgenommen, keine Zeit, sich gegenseitig vorzustellen. Zu wichtig sind gerade die Blüten an dem Zweig, dessen Hülle zurückgeschoben noch lose am Ast hängt. Jörg Geiger und Walter Hartmann sind vertieft in eine einzelne Birnenblüte. Der eine hält die Blüte fest, der andere versucht, mit einem Pinsel exakt in die Mitte der Blüten zu treffen. Goldgelber Staub facht zu zeitlupenartigen Eruptionen auf. Eindeutig Bestäubung, denke ich. »So machen wir das heute mit jeder Blüte«, ist die Ansage an mich.

Aber weil Walter ein gelehriger Mensch ist, der Zeit seines Lebens unwissenden jungen Menschen seine Kenntnisse vermittelte, versucht er sogleich, mir mit einer Pinzette die Welt im Millimeterbereich zu erklären. »Schau her. Die Blütenblätter machen wir mal weg, die brauchen wir gerade nicht«, sagt er und rupft die weißen Blütenblätter aus. »Das hier, die roten Staubbeutel mit den Pollen drin, also den männlichen Teil der Blüte, brauchen wir gerade auch nicht.« Hartmann kappt mit seinem Edelstahlgreifer alle männlichen Samenträger auf einen Schlag. Übrig bleibt ein dünnes weißes Stengelchen, der weibliche Teil der Blüte. Obendrauf die Narbe. Gelblich, klebrig, gerade mal einen Millimeter groß. »Wenn die Biene hier drüberklettert, streift sie ihre Pollen ab. Und wir machen das mit dem Pinsel.«

Nach dem Crashkurs in Fortpflanzung geht es an die Arbeit. Walter Hartmann, ein rüstiger Rentner und Doktor für Pflanzenzucht an der Uni Hohenheim, der den Zusatztitel »der Zwetschgenpapst« trägt, hat

sich nicht weniger vorgenommen, als mit Jörg Geiger alte Mostbirnensorten neu zu züchten. Ich verstehe nicht ganz, stehen doch um mich herum sicher hundert relativ junge Mostbirnenbäume. Doch was ich hier sehe, sind alles Klone. Identische Ableger von Bäumen, die selbst nur geklont waren.

»Sobald aus einem Individuum eine Sorte wird, sind es Kopien, und das macht die Sache so gefährlich«, erklärt mir Walter Hartmann: »Der Baum hatte nie die Chance, durch Kreuzung neue Eigenschaften auszubilden.«

Die beiden fallen umgehend in einen eingespielten Arbeitstakt. Der eine macht den Tüllvorhang weg und hält den Zweig, der andere streicht Pollen, also männlichen Samen aus dem Reagenzglas, mit dem Pinsel genau in die Mitte, auf die Narbe. Mich erinnert es an diese Kinodoku über Bienen, in der gezeigt wurde, wie in China Strafgefangene die Bestäubung auf Obstplantagen genau so mit dem Pinsel machen müssen, weil es dort nicht mehr genügend Bienen gibt. Hier haben sich zwei Männer eingegroovt und bestäuben Blüte für Blüte ganze Äste. Ich soll die Zettelchen schreiben und an den Ast hängen, damit im Herbst klar ist, welches die neu gezüchteten Birnen sind. Um deren Kerne wird es dann gehen. Anyway.

Die beiden rutschen in einen Fließbandrhythmus und finden in mir ein williges Publikum für das Lüften der letzten Geheimnisse in der Obstzucht. Wir fangen bei Adam und Eva an. Fast.

Walter Hartmann referiert: »Unser Problem ist: Die Bäume sind zu alt, seit hundert Jahren wurden keine neuen Birnbäume mehr gepflanzt. Außer denen hier. Trockenheit und Krankheiten setzen aber diesen alten Baumsorten zu.« Jörg Geiger konkretisiert: »Die jungen Champagner-Bratbirnen-Bäume müssen heute zusätzlich gegen Krankheiten wie den Feuerbrand kämpfen, den es erst seit ein paar Jahrzehnten in Europa gibt. Vor allem die jungen Bäume hier leiden sehr unter den neuen Krankheiten, weil sie im Wachstum angreifbar und noch nicht so gut vernetzt mit Bodenpilzen sind wie die alten.«

Walter ergänzt: »Wir wollen jetzt die Eigenschaften der einen Birne mit den Eigenschaften der andern kreuzen, um eine Sorte zu erhalten, die mit dem Klimawandel besser zurechtkommt, aber auch mit Krankheiten.« Das verstehe ich.

Gerade bestäuben wir eine Reihe Champagner-Bratbirnen-Bäume, an die ich Zettelchen hänge mit der Aufschrift »Champagner Bratbirne x Karcher Birne«. »Die Champagner Bratbirne ist eine ganz feine Birne, aber sie kommt mit der Trockenheit nicht zurecht. Wir kreuzen sie mit der Karcher, weil die einen starken Wuchs hat und robust ist.« Jörg Geiger nimmt Pollen aus einem anderen Fläschchen und ich muss »Gelbe Champagner Birne/Frankreich« aufschreiben, »weil die dort zwei Wochen später blüht und bei uns sich das Wetter im März, April quasi umgedreht hat. Wir haben jetzt warme Winter, die Bäume kommen immer früher im Jahr in die Blüte, und im Frühjahr, genau in den zwei Wochen, in denen hier alles blüht, hatten wir in den letzten Jahren harte Fröste.«

Die Bäume, die wir gerade bestäuben, sind aus Walter Hartmanns Sammlung. Er hat über Jahrzehnte hinweg alte Sorten in Baden-Württemberg zusammengetragen, die Vater- und Muttersorten gesammelt, um daraus heute zu züchten. Noch ein Johnny Appleseed!

Walter Hartmann und Jörg Geiger spielen heute Biene. Und das sind keine Blind Dates, sondern die beiden haben sich wohl überlegt, welcher Pollen auf welche Muttersorte drauf soll. Und ich muss wieder daran denken, welch ein Wissensschatz hier vorhanden ist, welch ein Forscherdrang von Einzelnen, die dieses Volkswissen auch festschreiben und weitertreiben.

Die zwei Männer kommen mir selbst vor wie eine seltene Spezies, weil sie so vieles über jede einzelne alte Sorte wissen. Hat sie kleine Früchte, blüht sie früh oder spät, kommt sie mit trockenem oder nassem Boden besser zurecht? All diese Eigenschaften versuchen sie durch Kreuzen herauszuarbeiten. Dennoch bleibt es oft Zufallssache, weil sie nicht die einzelnen Gene für bestimmte Eigenschaften kennen, sondern nur ihre Erkenntnisse durch Beobachtung mit einbringen können. Ich bekomme einen immer größeren Respekt vor Walter Hartmanns kleinem Plastikkoffer hier auf der Wiese, in dem Dutzende von beschrifteten Reagenzgläsern mit gesammelten Pollen stehen. Walter ist frohen Mutes, weil Jörg Geiger gute Muttersorten habe – und er, Walter, so ergänzt dieser, die richtigen Vatersorten.

Der immer gleiche Arbeitsvorgang bringt sie in Blödellaune. Zwei Comedians auf der Obstwiese und ich als Zuschauer.

Typische Landschaft der Voralb: die Albkante oben bewaldet, die Hanglagen mit Streuobstwiesen, unten im Tal Industrie

Walter Hartmann: »Das hier ist ja die berühmteste Birne Deutschlands. Und warum?« Jörg Geiger: »Weil sie einen guten Schaumwein macht.« »Und weil sich der Bundesgerichtshof damit befasst hat.« »Aber leider ein bisschen sensibel ist.« »Ein sensibles Kind, die müssen wir robuster machen.« Jörg Geiger bepinselt Blüte für Blüte an diesem Ast, was bei den circa fünfzig Blüten eine Weile dauert.

Walter kommentiert: »Der Jörg hat einfach das Zeug dazu.« Jörg: »Du bist da viel erfahrener. Wie viele Bäume hast du schon in deinem Leben von Hand bestäubt?« Walter lacht und winkt ab. »Wahrscheinlich Millionen. Aber wer weiß, wie lang ich noch lebe. Ich muss dich als Nachfolger anlernen.«

Ich weiß plötzlich die Arbeit der Bienen zu schätzen und verliere mich als Statistikfreak in meinen Hochrechnungen. Wenn ein Baum bis zu zweitausend Blüten hat und laut Statistischem Bundesamt in Baden-Württemberg noch circa sieben Millionen Apfel- und Birnbäume stehen, macht das für die Bienen wie viele Blüten zum Bestäuben?

Wir sind jetzt mit diesem einen Ast und seinen fünfzig Blüten auch mal fertig. In ein paar Tagen wird das Tüllsäckchen abgenommen, wenn die Bestäubungsphase abgeschlossen ist. Kurz vor der Ernte wird der Ast wieder eingepackt, damit Jörg Geiger weiß, welche Früchte aus den jetzt bestäubten stammen. So geht es den ganzen Tag, fleißige Bienchenarbeit. Reihe für Reihe schreibe ich Zettelchen mit »Champagner Bratbirne x Gelbe Champagner«, »Metzer Birne x Karcher Birne«, »Bayrische Weinbirne x Champagner Bratbirne« oder »Glockenbirne x Karcher Birne«.

Die Kerne aus diesen Birnen werden sie dann sammeln und daraus im nächsten Jahr kleine Birnensprosslinge ziehen, eine neue »alte Sorte« mit hoffentlich den richtigen Eigenschaften, um sich gegen den Klimawandel in den kommenden Jahren behaupten zu können.

»Ob es uns gelingt, sehen wir in zehn bis zwanzig Jahren, wenn wir die ersten Früchte der neuen Sorte essen«, sagt Jörg. Walter Hartmann entgegnet gelassen: »Ob ich so lange noch Zeit hab, weiß ich nicht. Wenn wir Glück haben, gibt's die ersten Früchte schon in zehn Jahren, dann wird es noch ein großer Kraftakt für dich sein, die Bäume hinauszupflanzen und sie über Jahre hinweg aufzubauen.«

Jörg Geiger: »Und wenn wir sie gereift haben und der Saft gepresst ist, wie schmecken sie dann? Wie sind die Haltbarkeiten des Schaumweins?

Das dauert auch wieder ein paar Jahre. Ist das, was wir heute hier gekreuzt haben, am Ende das, was wir ursprünglich haben wollten?«

Walter: »Und warum machen wir es?«

Jörg Geiger: »Wenn wir es nicht machen, wissen wir auf jeden Fall, dass wir in zwanzig Jahren nichts mehr haben. Wir hoffen einfach, dass wir für die nächste Generation gute wertvolle Sorten weitergeben können.«

Ich habe ihn verstanden. Jörg will mit seiner Manufaktur vorangehen. Und er gleicht Mönchen in einem Kloster, die das Wissen und den Umgang mit diesen alten Sorten gepflegt, sie genau beobachtet und viele Dinge ausprobiert haben.

Nach Pfarrer Christ mit seinem Standardwerk zur Obstlehre ist es vielleicht heute Walter Hartmann, der mit seinem *Farbatlas alter Obstsorten* die neue Bibel der Obstkultur geschrieben hat, in der altes Wissen für zukünftige Generation festgehalten wird.

Am Ende macht Jörg Geiger seinen Begleiter noch auf eine Besonderheit an den Blüten aufmerksam. »Meine Champagner-Bratbirnen-Bäume haben alle zehn Blütenblätter statt wie sonst fünf. Das hab ich bisher nur hier gesehen. Das kommt sicher von unserer Selektion.«

Walter winkt ab. »Nein, mein Freund, das ist eine Erscheinung des Klimawandels.«

## Spring is here again, tender age in bloom

Die Blütezeit der Apfel- und Birnbäume Anfang Mai ist traditionell der Wechsel vom Winter- zum Sommerhythmus.

Ich fahre unten an der Alb entlang von Schlat in Richtung Weilheim, in die Kirschengegend, weil auch die Kirschbäume in voller Blüte stehen. Kommt ein leichter Wind auf, fliegen die losen Kirschblütenblätter in der Luft, wie bei einer Parade, als ob die Tour de France hier stattfände. Zum ersten Mal ohne fünf Schichten Fahrradkleidung, auf ebener Strecke freihändig, weil es zum Frühlingsgefühl passt, gleite ich durch Landschaften, die mir eigentlich zu postkartenschön sind. Aber vielleicht bin ich in meiner neuen Fahrradkleidung mit Neonfarben der Komplementärkontrast, der das Idyll ein wenig bricht. Auch wenn ich die Funktionskleidung nicht mag und hautenge Radlerhosen immer uncool aussehen, reiben sie halt weniger im Schritt. Mir fällt mein alter Freund ein, der uns kürzlich MAMILS nannte. Middle-aged men in Lycra Shorts. Früher hätten wir solche Stilverbrechen verbrannt – heute radle ich damit herum.

Dabei fällt mir ein anderes Kleidungsritual ein, das in unserem Freundeskreis Anfang der Neunzigerjahre entstanden ist. Wir waren achtzehn und wollten die Nacht auf den ersten Mai feiern, die »Maiennacht«. Ein kleines Fest auf der Kirschbaumwiese von Moritz' und Julias Großeltern oberhalb von Besigheim. Alle saßen ums Feuer herum oder lagen unter den Kirschbäumen. Verrückt, die leuchtend hellen Kirschbäume im flackernden Licht des Lagerfeuers zu erleben, während Feuerfunken und weiße Blüten durch die Nacht flogen. Das nächtliche Bild fast wie ein Negativ des Anblicks bei Tag. Für uns Achtzehnjährige ein Moment, ein Stück selbst gemachte Wirklichkeit, um uns dadurch irgendwie besser an die Wirklichkeit der großen Welt zu gewöhnen. Irgendjemand ließ die Bemerkung fallen, man müsste ab jetzt keine Unterhosen mehr tragen. So wie in Frankreich anscheinend alle Franzosen ab Mai auch keine Unterhose mehr tragen.

Wir bastelten uns daraus ein Ritual, dass wir es ab jetzt auch so machen sollten, um den Sommer zu begrüßen. Die Ersten fingen schon an, ihre Unterhosen auszuziehen, wahrscheinlich angeführt von André, der war immer schnell dabei, wenn es um die Befreiung von Konventionen ging. Bestimmt war es seine Unterhose, die zuerst ins Feuer flog. Was für ein Spaß, ihr beim Verbrennen zuzuschauen. Der stickige Geruch einer verbrennenden alten Unterhose, vermischt mit dem frischen Kirschblütenduft dieser ersten lauen Frühlingsnacht.

Schnell war klar, jeder musste mitmachen, Jungs und Mädchen. Und wir wollten auch alle, wenngleich ich dafür meine gute Schiesser »Rebell« opfern musste. Was für ein Fest, Blödsinn zu machen, der total Sinn machte. Wir hatten ein Ritual erfunden, das uns von der Eingezwängtheit der Winterklamotten befreite. Es war Punk, es war etwas schlüpfrig und es war die Zeremonie, die uns ab jetzt Jahr für Jahr mit dem Lebensgefühl der blühenden Kirschbäume verband. Später wurde daraus die Maikäferdisko mit Soundsystem, Bands und immer mehr Leuten.

## Summen und Brummen

Die Welt sieht im Frühsommer so aufgeräumt und freundlich aus, alles, was noch vom letzten Jahr verfallen musste, ist längst verschwunden. Alles, was in diesem Jahr noch aus sich was machen will, hat damit angefangen, zu wachsen, zu treiben, Töne von sich zu geben und sich zu befruchten. Eine gigantische Metamorphose, ein einziges Lebensbejahungsprojekt. Das kann ich auch als middle-aged man fühlen.

Ich erinnere mich, wie ich, halb so alt, zusammen mit Jenny, deren kitschige Kirsch-Haarspängchen ich toll fand, unter den Apfel- und Birnbäumen flanierte, auf einem Teppich aus Löwenzahn, und sie mir zögerlich ihren nicht ganz jugendfreien Gedanken zur Naturbetrachtung verriet. »Ist es nicht verrückt, dass alle blühenden Pflanzen im Grunde ihre Geschlechtsteile in den Himmel strecken?«

So gesehen hatte sie recht. Viele Stoffwechselprozesse passieren bei Pflanzen unter der Erde. Der überirdische Teil ist nur dazu da, um Sonnenenergie umzuwandeln und sich fortzupflanzen. Der ganze Löwenzahn hier, gelb leuchtend und mit attraktiven Düften, nur um andere zum Sex einzuladen. So deutlich hatte ich das Pflanzen-Bienen-Verhältnis noch nie gesehen, wollte aber auch nicht die Millionen von Blumen, Apfel- und Birnenblüten als reine Aufforderung zum Sex betrachten. Dennoch hoffte ich insgeheim, es wäre ansteckend.

Dieser schöne Gedanke verschwand langsam, wie man ein Fahrrad ausrollen lässt. Ich beschließe, Margret zu besuchen, eine befreundete Imkerin in Gruibingen, am Aichelberg, da, wo sich das Doppelband der Autobahn am Albaufstieg wie ein Reißverschluss aufteilt und seltsame landschaftliche Einschnitte bildet, die ein unüberwindbarer Verkehrsfluss voneinander abgrenzt. Eines Tages wird man hier eigene Tierarten entdecken. Die Eidechsen links der Autobahn werden sich evolutionär anders entwickelt haben als die rechtsstraßigen. Und die auf der einen Kilometer breiten Insel, also zwischen den beiden Fahrtrichtungen, werden wahrscheinlich mangels genetischer Vielfalt ausgestorben sein.

Margret ist gerade mit dem Aufstellen ihrer Bienenvölker beschäftigt. Sie lädt mich ein, mit hinaufzufahren zu einer großen Streuobstwiese.

Eine nicht fünfmal im Jahr gemähte Wiese bei Schlat

Ich lade mein Rad hinten auf die Pritsche zu den Bienenkästen. Die Kästen vibrieren und brummen, als wäre ein böses außerirdisches Wesen darin eingesperrt. Ein starker Basston, dessen Resonanzen verstärkt werden durch die Holzwände. Dazu das ewige Rauschen der Autobahn, das mal von der einen, mal von der anderen Seite zu kommen scheint. Ich würde die Orientierung und vielleicht auch den Verstand verlieren. Aber Margret ist es seit siebzig Jahren gewohnt.

Es riecht warm und nach Wachs auf dem Laster. Margret und ich wackeln über Feldwege zu den Standplätzen. Ich helfe ihr beim Abladen von zwölf Völkern, die wir am oberen Rand einer steilen Obstwiese möglichst waagrecht aufzustellen versuchen. Direkt dahinter fängt der Wald an. Margret hat viel Erfahrung mit dem Verhalten von Bienen. Sie kennt nicht nur ihr Himmels- und Windrichtungsverhalten, sondern weiß auch, in welcher direkten Umgebung die Bienen am liebsten ihren Stock haben. Vor allem ist sie überzeugt, dass am Übergang von Wiese zu Wald ihre Bienen am produktivsten sind, weil sie von beiden Lebensräumen profitieren. Von der offenen Wiese mit Obstbaumblüten und Blumenwiese und vom Waldrand mit seinen zu unterschiedlichen Zeiten blühenden Büschen und der kühlenden Funktion, wenn die Bienen in den zunehmend trockener und heißer werdenden Frühsommern im Schattenbereich genügend Feuchtigkeit finden.

Überhaupt ist sie davon überzeugt, dass das Leben in den Zwischenräumen, den Übergangszonen, an den Rändern wesentlich spannender und vielfältiger ist als in homogenen Strukturen. »Und da muss ich nicht mal das banale Beispiel der Monokultur anführen, auch wenn ein Rapsfeld rein ökonomisch für mich als Imker die einfachste Lösung wäre.« Als Bioimkerin versucht sie, es nicht nur ihren Bienen recht zu machen. Als jemand, die fast das ganze Jahr über draußen ist, sieht sie die Vorteile von Artenvielfalt und naturbelassenen Lebensprozessen. Jeder behauptet gern, von der Natur lernen zu wollen, aber was wollen wir denn von der Natur lernen? Und die noch schwierigere Frage, was hat das mit uns selbst zu tun?

Wir reden über die Idee, Prinzipien der Natur auf unsere eigenen Lebensprinzipien zu übertragen. Ich halte etwas Abstand, als Margret die Schieber der Bienenkästen einen nach dem andern öffnet. Großes Chaos, die ersten Bienen fliegen schon los, die meisten sortieren sich am

Flugloch und müssen erst mal die neuen GPS-Daten kapieren. Ich gehe mit Margret und etwas Abstand zu den verwirrten Bienen in Richtung Waldrand. Auch hier blüht und sprießt es, aber erst bei näherem Hinsehen. Viele kleine grüne Blättchen. Der stachelige Feuerdorn ist schon am Blühen, auf den Ameisenstraßen herrscht reger Verkehr, zunehmend in Richtung Ameisenhaufen, der wie ein Umspannwerk brummt. Eine Amsel schimpft uns weg.

Für Margret ist der Waldrand nicht nur wegen ihrer Bienen ein spannender Ort. Die Übergangszone nützt Feldbewohnern und Waldbewohnern gleichermaßen. Viele Tiere wie Rehe, Wildschweine und Fledermäuse haben hier ihren Lebensraum, finden zum Beispiel auf dem Feld Nahrung und im Wald Schutz. Wir schleichen uns durch eine Öffnung im Dickicht in die Buschzone. »Die Früchte der Brombeerhecken und Holunderbüsche und da drüben Haselnuss und Hagebutten, alles Nahrung für Vögel, Kleintiere wie den Siebenschläfer, und hier die Brennnesseln für Schmetterlinge. Hier baut eine Amsel ein Nest, da hinten ist ein Dachsbau. Hier hat jemand überwintert.« Margret zeigt mir eine gewobene kleine Höhle in einer Astgabel. Ich merke, wie viele Arten hier auf engem Raum zusammenleben, weil hier Abwechslung herrscht, Licht und Schatten, vor der Hecke ist es schon sommerlich warm in der Sonne, hier drin bleibt es kühl, und auch für Feuchtigkeit ist durch den Waldboden immer gesorgt.

Kaum anders ist es mit menschlichen Lebensräumen, findet Margret, wenn es zum Beispiel in einem Viertel mit vielen Bewohnern mit Migrationshintergrund ein gutes Restaurant und im benachbarten bürgerlich-liberalen Wohnmilieu eine gute Schule gibt, profitiert man im Übergangsbereich dieser beiden Gebiete von beidem. Waldorfschule und vielfältige Gastronomie. Ich versuche, ihr zu erklären, dass dies nur auf Menschen zutrifft, die sich zum einen eine Waldorfschule leisten können und denen zum andern vietnamesisches Essen schmeckt. »Na ja, vielleicht hinkt auch mein Vergleich, aber du verstehst doch, was ich meine. Das Ganze kann man ja auch mit anderen Gegensatzpaaren durchspielen. Dinge, die an und für sich nicht zusammenpassen. Aber dadurch, dass sie zusammenkommen, entsteht etwas Neues.«

## Boden

Unsere Abmachung war: Mindestens einmal im Monat besuche ich Jörg Geiger. Heute, an einem heißen Junitag, erwische ich ihn, wie er mit seinem alten McCormick und einer neuen Maschine herumhantiert. Er hat an einen Tiefenlockerer, eine Art schonender Pflug, zusätzliche Spritzdüsen montiert. Damit kann er den Boden anheben, ohne die Grasnarbe zu zerstören oder die obere Humusschicht mit den darunterliegenden Böden zu vermischen. Gleichzeitig bringt er mit den Spritzdüsen sein experimentelles biodynamisches Präparat aus Hornmist und effektiven Mikroorganismen in den Boden.

Jörg Geiger will auf der fast baumlosen alten Streuobstwiese neue Wiesenobstbäume pflanzen und zeigt mir sein aktuelles Problem. Genauer gesagt zwei: tiefe Risse auf den Wiesen unter den Bäumen, die sich teilweise zwanzig Meter lang den Hang hinabziehen. Gleichzeitig in den Senken kahle steinharte Erde, wie festgetreten.

Ich frage ihn, ob das mit der Klimakrise zu tun hat. »Das Problem ist, wenn extreme Witterungsverhältnisse auf kaputte Böden treffen. Ich hab die Wiese dieses Jahr übernommen, und mir ist aufgefallen, der Boden hier kann gar kein Wasser mehr halten. Bei Regen führt es zu Staunässe unten in der Senke und bei Hitzeperioden trocknet der Hang sofort aus. Ich muss mich um den Boden hier kümmern, weil du weißt ja … der Boden ist das A und O.« Jörg merkt, dass er mich bezüglich Bodenkunde schon öfter missioniert hat. Ich beteure mein stetes Interesse.

Bisher hatte ich gelernt, dass jeglicher Eingriff in ein funktionierendes, überaus komplexes System die Interaktion zwischen Baum und Boden, zwischen Wurzeln und Bodenlebewesen stört. Aber jetzt sieht Jörg sich gezwungen zu handeln, weil ein guter Boden in Zukunft gleichzeitig mit zu viel und zu wenig Wasser umgehen muss: Er muss so sein wie ein Schwamm, der große Mengen Regenwasser in kurzer Zeit aufnehmen und lang speichern kann, sodass es den Pflanzen in Dürrephasen später zur Verfügung steht. Eigentlich sind die Streuobstwiesen hier gut mit Wasser versorgt. »Diese alten Bäume hatten nie Probleme mit Wasser. Durch ihre tiefen Wurzeln haben alle Berührung mit einer wasserführenden Schicht. Ich mache mir Sorgen um die neuen Bäume, die ich im Herbst hier pflanzen will. In so einem harten Boden, wo es Humus nur in den oberen paar Zentimetern gibt, haben es die neuen Wurzeln schwer. Ich will die nach unten locken.«

Jörg Geiger macht eine »Spatendiagnose« und zeigt mir, dass die Unterkrume hier bereits ab zehn bis fünfzehn Zentimeter stark verdichtet und wenig belebt ist. Der ganze Boden fühlt sich scharfkantig und gleichzeitig schmierig an. Mit seinem Taschenmesser schneidet er immer wieder von oben nach unten Scheiben von der Erde ab. Er lässt zwei Hände voll trockener Klumpen in meine Hände fallen und geht zu seiner neuen Maschine. Ich spiele mit den warmen trockenen Klumpen herum, versuche, sie auseinanderzubrechen, schaue, was drin ist, als ob ich mikroskopische Prozesse mit bloßem Auge sehen könnte. Wann habe ich zuletzt Erde angefasst?

Wo die verdichtete Erdschicht beginnt, wird der höhere Widerstand deutlich in der Hand spürbar. »Ich will den Boden nicht umpflügen, verstehst du. Es wäre auch falsch, die Humusschicht und die unteren Schichten durcheinanderzubringen. Das hat schon seinen Sinn, dass sie sauber geschichtet sind. Ich will den Boden nur lockern und brechen, damit Luft reinkommt für die Bodenlebewesen und die Bodenpilze.«

Mit seinem alten Trecker und der neuen Maschine dreht Jörg Geiger seine Runden. Die Maschine hebt den Boden leicht an, was aussieht, als wären die Erdschollen Wellen und die ganze Wiese ein Meer, unter dessen Oberfläche ein riesiger Sandwurm durchzieht, der gleich auftauchen und den ganzen Traktor verschlingen wird. Der Boden wird also gelüftet. Ein guter Start für Bakterien und die Mykhorriza-Pilze, damit die Bodenpilze mit dem Feinwurzelsystem der neuen Bäumchen in Kontakt kommen können.

Dank Peter Wohlleben gehört es mittlerweile zum Allgemeinwissen, dass Bäume in Abhängigkeit von und im Austausch mit anderen Pflanzen wachsen. Sie kommunizieren über Wurzeln und feinste Mykhorrizennetzwerke, sie sind zur Humusgewinnung angewiesen auf das Fressen und Gefressenwerden. Bäume brauchen das ganze Leben und Sterben um sich herum, von Insekten, Würmern und Mikroorganismen, damit sie leben und eines Tages sterben können. So viel zum sozialen Umfeld von Bäumen und Wiesen. Und dazu, wie Wiesenobst und Boden zusammenhängen.

Ich merke, dass es nicht mehr Jörg Geigers oberstes Ziel ist, möglichst viel Obst zu ernten, um noch mehr Priseccos zu produzieren. Sein Ziel ist stattdessen das möglichst optimale Funktionieren seines Ökosystems. Harmonie in den Lebensprozessen. Zu seinen neuen Ideen gehört es, ein gutes Umfeld für nützliche Insekten zu schaffen. Bodenlebewesen mit Nahrung zu versorgen – von Mist bis Mulch – und die unterirdische Welt mit ihren Wurmgängen, Pilznetzwerken und Krumen als wichtigen Bestandteil für das Gedeihen der Obstbäume zu bewahren. Ich überlege, ob das ein Beispiel ist für Margrets Theorie, Prinzipien der Natur aufs eigene Leben zu übertragen.

Jörg lenkt den Trecker vorsichtig über die Wiese und zwischen den wenigen alten Bäumen durch. Vier geschwungene Metallstangen mit kleinen pflugartigen Scharten unten dran durchfurchen den Boden in etwa zwanzig Zentimeter Tiefe. Die federnden Metallstangen verleiten mich zu einem unangebrachten Vergleich mit Prothesen eines paraolympischen Athleten. Doch gleichzeitig hilft mir dieses Bild, mir vorzustellen, wie diese Metallfedern den Boden in seinem Innern auf- und abheben und mit Schwung Sauerstoff und Nährstoffe hineinbringen. An den Stellen, wo der Trecker über die Grasnarbe gefahren ist, sehe ich kleine Rillen in der Erde.

Ich muss an einen Freund denken, der im Landratsamt arbeitet. Er meinte, manche Äcker bei uns haben mittlerweile nur noch einen Humusanteil von drei Prozent. Durch die Vermaisung der Landschaft werden die Böden dann irgendwann ausgelaugt sein und gar nichts mehr liefern. Dann wird die Gesellschaft wieder die Kosten für aufwendige Renaturierung und Revitalisierung des Bodens bezahlen müssen. Auch nix anderes als ein »Buy now – pay later«. Die Milch von heute – ohne den Preis von morgen.

Mein Zynismus kommt von jenen Landwirten, die sich einen Dreck um ihren Boden kümmern. Ich sehe sie mit vollen Tanks Glyphosat auf ihre Felder fahren, ich sehe sie mit schweren Monstertreckern fünfmal im Jahr Wiesen abernten, die weder dieses Gewicht noch das häufige Abmähen aushalten. Ich sehe sie Gülle fahren, Nährstoffbomben, die den Pflanzenhaushalt und das Wiesenbiom zum Kollabieren bringen. Und dann sehe ich Johnny Appleseeds, die von anderen eher als Don Quichotes betrachtet werden, die Obstbäume sehen, wo andere lieber Windmühlen hätten.

Zynismus, lass mich los … Aber was ist schon mein Zynismus verglichen mit der Ignoranz der Agrarindustrie? Wir halten uns an das, was wir können. Augen auf in der Natur! Beobachtungen und sensorische Erfahrungen des Obstbauern sind das Gebot der Stunde. Wie fühlen sich die Blätter an? Wie steht es um die Bodenkrume? Feldforschung, wie Jörg Geiger und andere sie betreiben, hat zu einem wesentlich besseren Verständnis des Ökosystems Obstwiese beigetragen.

Bislang kennen wir nur ein Prozent der Organismen, die im Boden leben. Daraus könnte man schlussfolgern, es müsste allgemein bekannt sein, dass der Boden einen eigenen Lebensraum darstellt und nicht nur eine braune Dreckschicht, auf der sich prima Turbomais anbauen lässt. Aber Zynismus hilft den Tierchen im Boden auch nicht, und so hoffe ich auf die baldige Entdeckung der restlichen neunundneunzig Prozent der Bodenorganismen. Und mir fällt der Spruch am Ende der Yogastunde ein, den man letztlich auf alles im Leben anwenden kann: Auf dass alle Bodenorganismen in allen Erdschichten eine Relevanz erlangen mögen, die es ihnen ermöglicht, ein gutes Leben in Glück und Harmonie zu führen.

Mit meinem Yogamantra im Kopf und einer eher grundlosen Glückseligkeit fahre ich auf meinem neuen Lieblingsspielzeug am Albtrauf entlang, von Bad Urach nach Bad Boll, durch die abendliche Sommerlandschaft. In der Tat, alles lebt, vieles auch ohne uns Menschen, auch wenn ich weiß, dass gerade unsere Landschaft hier, die vielen kleinen Stückle mit Hecken, Obstbaumreihen, Feldwegen, menschengemacht ist und dass gerade hier mehr Artenvielfalt herrscht als in den Buchenwäldern oben auf der Alb.

Wäre die Welt ohne uns Menschen, würden hier dichte Buchenwälder stehen, mit der eingeschränkten Fauna und Flora, die die Buchen als lokale Chefs hier zuließen. Erst die abwechselnden Lebensbereiche schaffen Vielfalt, und ich muss an Margrets Waldorfschule mit Sommerrolle denken. Eigentlich ein Widerspruch, aber so gefällt es dem Leben am besten.

Ich halte an, lege das Rad an den Wegrand und mache es mir unter einem Baum bequem. Ich denke nicht, dass alle menschengemachten Landschaften automatisch eine größere Lebensvielfalt aufweisen. Im

Maisacker unterhalb des Wegs sieht es sicher anders aus. Ich schaue mich um, verfolge den Stamm über mir nach oben bis in die Krone hinein. Diese zurückhaltend bewirtschafteten Wiesen bieten Lebensraum auf verschiedenen Etagen: für am Boden lebende Tiere, in den mittleren Etagen des Baums für Kleintiere und in den hohen Bäumen für Lufttiere. Ich sehe, dass die Wiesen unterschiedlich grün sind, an den feuchten Stellen wachsen andere Gräser und Kräuter als dort, wo es trocken ist. Ein Biologe könnte wahrscheinlich allein daraus auf die Zusammensetzung des Bodens schließen. Selbst hier unter den Bäumen sehe ich unterschiedlichste Blattformen. Wiese – Hecke, Hecke – Bach, Bach – Feldweg, Feldweg – Böschung, plötzlich sehe ich überall Ränder, kleine Übergangszonen, Zwischenbereiche, Platz für neue Formen des Zusammenlebens. An den Rändern passiert's!, kommt es mir in den Sinn, dazu gibt es sicher auch moderne Gesellschaftstheorien.

## Kräuter sammeln

Was macht ein Obstbauer im Sommer? Er schaut den Äpfeln und Birnen beim Wachsen zu. Heute nimmt Jörg Geiger sich tatsächlich Zeit für mich. Wir flanieren ganz biedermeierhaft über die Wespenlau, eine kleine Landzunge, die sich innerhalb des Schlater Talkessels in Richtung Dorf schiebt. Hier stehen einige ganz alte Bäume wie die zwei Großvaterbäume der Champagner Bratbirne, aber auch jüngere, die er dazwischen gepflanzt hat. Durch die Bäume erscheinen der Kirchturm und der alte Ortskern von Schlat im Hintergrund ganz nah. Ein guter Kamerastandpunkt für Schärfeverlagerungsspielereien mit dem Teleobjektiv. Jörg geht von Baum zu Baum und schaut sich die kleinen Birnen an. Also doch ein bisschen beim Wachsen zusehen.

»Hier, eine ganz frühe Birne, aber Sorte unbekannt«, murmelt er nonchalant und geht weiter. Ich frage mich, weshalb er nicht wenigstens ein Minimum an Begeisterung aufbringt. Eine neue Birnensorte auf seiner Obstwiese zu entdecken müsste doch ein bisschen so sein, wie wenn ein Hobbyastronom einen neuen Kometen entdeckt, auch wenn der unwichtig ist. Aber nein, Jörg Geiger winkt ab und läuft weiter. »Von solchen Zufallssämlingen gibts Hunderte. Aber die Birnen sind trotzdem gut, haben nie irgendwelche Krankheiten.«

Am nächsten Baum zupft er eine kleine grüne Birne und begutachtet sie: »Schorf. Die wird sich halt etwas unförmig entwickeln. Wichtig ist, dass der Fruchtschorf nicht überhandnimmt, aber die Blätter hier sind in Ordnung.« Einige Birnen haben braune holzige Flecken, ganz wenige Blätter zeigen leuchtend gelb-orange Farbpünktchen. »Die werden sich halt nicht so stark entwickeln. Bei Tafelobst ein absolutes No-Go, da will man optisch einwandfreie Früchte, aber bei uns geht's nicht um Optik, sondern rein um Geschmack und Aroma.«

Unten im Tal sehen wir Traktoren mit Sprühern zwischen Spalierobstreihen spritzen.

Weiter hinten, unterhalb vom Weinberg, arbeiten Jörg Geigers Leute in einer feuchten Talsenke. Er lässt diese Senke seit Jahren unberührt, weil hier wilde Kräuter wachsen. Mädesüß, Johanniskraut und Minze – für viele nur Unkraut, für ihn wertvolle Geschmacksnoten. Jetzt, im Juni, ist ihr Aroma am besten. Darum heißt es sammeln, wo es nur geht. Aber immer nach der alten Regel indigener Wildsammler: Ein Drittel wird geerntet, ein Drittel lässt man für andere Sammler und ein Drittel bleibt stehen zur Regeneration. Er muss zwar nicht damit rechnen, dass andere Obstbauern von der rauen, bitteren Minze was brauchen, aber ihm reichen hundert Kilo Minze für die komplette Jahresproduktion seines Rosenzauber-Priseccos.

Auch Mädesüß soll mit, das jetzt in weißer Pracht üppig blüht und die ganze Luft nach einer riesigen Apotheke duften lässt. Er kaut auf einer Blütendolde herum und gibt mir was ab. »Hier, du weißt schon, wieso es Mädesüß heißt?« Ich falle natürlich auf mein eigenes Wortherleitungsmuster rein und meine, »weil es so süß ist wie Mädchen?«. Jörg Geiger lacht mich verschmitzt an und verzeiht mir hoffentlich meinen Gender-Fauxpas. Es kommt natürlich, und das hätte ich mir bei ihm denken können, von »Met süß«. Damit wurden im Mittelalter der Wein und das Met gesüßt. Hell yeah! So schmeckte auch das Met bei den Fantasy-Rollenspiel-Veranstaltungen, auf die es mich mal wegen eines Filmdrehs verschlagen hatte.

Trockener Hang und feuchte Senke –
alles, was Wildkräuter brauchen

Es duftet penetrant und mir kommt die Idee, dass es ja auch »Mahd süß« heißen könnte, weil meine Oma immer zum Heumachen »Mahd« sagte. Das Mädesüß staubt regelrecht, wenn man es bewegt. In der Tat existiert auch diese Wortherkunft. Wir genießen es jedenfalls, in der Duftwolke zu stehen, und helfen dann bei den anderen etwas mit.

Und weil das hier schon die Stunde der Etymologen ist, setzt Jörg Geiger noch eins drauf. »Auf Latein wurde sie früher auch *spiraea ulmaria* genannt, und woher kennen wir das?« Fragt er mich lehrerhaft ab. »Riech doch mal«, wedelt er mir mit seinem Arm voll Pflanzen um die Nase. Klar, ich kenne den Geruch. »Bisschen wie Krankenhaus«, stammle ich. Jörg Geiger hat sichtlich Spaß daran, mich zu quälen. »Schon wärmer, hat man früher den Tieren als Medizin gegeben, wenn sie Entzündungen hatten.« Von mir aus sollen sie es sich doch in ihr Met gesteckt und den Pferden gefüttert haben. Er erlöst mich. »Mädesüß enthält Salicylsäure. Das ist der Wirkstoff wie in Aspirin. Und Aspirin kommt von Spiraea.« Stimmt, hier riecht es wie in einem Glas Aspirin. Dann haben also die Bauern früher das Mädesüß zuerst für ihren Most benutzt und am nächsten Tag gegen den Kater.

Wir sammeln weiter. Die zwei großen grünen Boxen auf dem Anhänger füllen sich. Jörg Geiger klettert die Böschung hinauf und zerreibt die gelben Blüten vom Johanniskraut zwischen seinen Fingern. Er riecht und schnüffelt wie ein Fährtenhund und schneidet einen Arm voll Kraut ab. »Das sammeln wir jetzt und frieren es ein. Ich muss auch noch mal genau wegen der Wirkstoffe nachlesen. Aber nur wenn du es jetzt sammelst, kannst du irgendwann mal was daraus machen.« Er schleckt seine Fingerkuppen ab, die sich hennafarben verfärbt haben, und hat wieder diesen Blick.

Ich erinnere mich an den Blick, als ich vor Jahren im Spätherbst mit ihm auf einer verlassenen Wiese stand. Wir suchten für eine Doku über den Einfluss der Jahreszeiten das Motiv eines verwilderten Obstbaumriesen, und er, weil es ihm wohl einen Moment langweilig war, fing an, die großen klebrigen Dolden einer Staude zu sammeln, die er nicht kannte. Ich hatte diese fast ein Meter hohe Pflanze schon öfter gesehen, sie hat sich in den letzten Jahren bei uns auf wenig gemähten Wiesen stark vermehrt. Handtellergroße schirmartige weiße Dolden wie XXL-Schafgarbe, die voll klebrigem Bienennektar zu sein scheinen, wenn sie sich nach der Blüte zusammenrollen, und dann eher grün und klebrig sind, als würde das Harzige sie vor dem Welken schützen. Sie riecht wenig, aber diese klebrige Baklava ließ bei Jörg Geiger die Vermutung aufkommen, dass sie ihm noch einen unbekannten Geschmack liefern könnte. Während Kameramann Tom und ich den halb verfallenen Baum drehten, steckte Jörg Geiger ein paar Dolden in seine Tasche. Später fand er dann heraus, dass es sich um die Wilde Möhre handelte, ein Neophyt in unseren Breiten.

In der Manufaktur werden viele verschiedene Kräuter benutzt wie Vogelmiere, Wermut, Gundermann, die ich nicht kenne, geschweige denn ihren Geschmack. Und bei den mir bekannten frage ich mich, wie ihr Aroma in einem Obstwein schmecken soll: Brennnessel, Kamille, Lindenblüten, Dill, Kümmel oder Akazienblüte?

Überhaupt wundere ich mich, wie wenig Jörg von manchen Kräutern braucht und wie eine kleine Beigabe den Geschmack beeinflussen soll. Was sind denn schon zehn Kilo Minze in einem Tank mit zwanzigtausend Litern?

Jetzt im Hochsommer bis Ende August ist Sammelzeit. Ein Teil der Minze wird gleich verarbeitet, der Rest in großen Vakuumbeuteln eingefroren und in der Gefriertruhe gelagert. Wie immer hängt Jörg seine Nase in die frisch gehäckselte Minze und probiert. »Die wilde Minze ist nicht ganz so mentholhaltig wie eine gezüchtete Schokominze, geht in eine breitere Richtung von der Aromatik her.« Er kaut und schmeckt. »Die bringt etwas mehr bitter mit, ich denke, das hat man vielen Minzen rausgezüchtet. Aber diese Bitternoten sind es ja gerade, was wir bei Kräutern schätzen und suchen.«

Er will gerade anfangen, ein Plädoyer für Bitterstoffe zur Gesundheit und Geschmacksvielfalt zu halten und über die Lebensmittelindustrie zu schimpfen, die sämtliche Bitterstoffe aus Lebensmitteln wie Chicorée herausgezüchtet hat, winkt aber ab. »Was soll ich mich aufregen? Für mich ist bitter das neue Süß. Da gibt's noch viel zu entdecken.« Und sammelt weiter.

Ich frage ihn nach seinem Geheimnis. Er lacht mich aus. »Du brauchst in jedem Getränk eine Balance, sonst ist es eindimensional. Du brauchst drei große von den fünf Geschmacksrichtungen: süß, sauer, bitter, salzig

Manufaktur Jörg Geiger
PriSecco
Alkoholfrei
CUVÉE NR. 15
Mostbirne | Apfel | Kaffee

und umami. Aber du brauchst auch diese Tiefe im Geschmack. Ich glaube, das ist meine Herangehensweise, was mich klar unterscheidet.« Was seine Kreationen unterscheidet von den vielen alkoholfreien Edelgetränken, die heute auf den Markt drängen. »Ich meine, Apfel-Ingwer-Limonade ist sicher auch lecker, aber das ist halt Apfel-Ingwer-Limonade. Punkt.«

Viele kleine Brauereien bieten heute Obstlimos mit exotischen Geschmacksrichtungen an. Und manches Kumpel-Start-up meint es ja auch gut, mit vegan, fair, innovativ und lokal und zehn Cent für Obstbauern. Aber das Alleinstellungsmerkmal der Manufaktur ist der Reichtum an alten Apfel- und Birnensorten.

## Most 's not dead – er heißt jetzt Cider

Mehrere Versuche, die Mostkultur wiederzubeleben, sind gescheitert. Wer hat es nicht alles schon versucht, dem schwäbischen Traditionsgetränk zu einer Renaissance zu verhelfen. Manch ein Obst- und Gartenbauverein veranstaltet mittlerweile Wettbewerbe, bei denen die besten Moste prämiert werden. Anders als in Hessen für den Äppelwoi gibt es in Baden-Württemberg für den Most kein Label, keinen Kult, keine Imagekampagne. Ich kenne nur wenige, die noch ein Fässle im Keller stehen haben, selber gemostet von den eigenen Äpfeln, und die ihn allein deswegen schönreden. Dabei ist es nicht ganz fair, die Qualität des simplen, sauren, penetrant gärig schmeckenden Bauernweins in Abrede zu stellen. Gemixt mit süßem Sprudel, in geselliger Runde zum Vesper in einer Bauernwirtschaft, wie es sie heute eh kaum noch gibt, oder an einem heißen Sommertag draußen im Freien, kann Most Spaß machen. Ich habe den Tipp bekommen, dass in einem Landgasthof in Ettlenschieß tatsächlich noch Most auf der Getränkekarte angeboten wird.

Ich beschließe, nicht allein mit dem Mountainbike zu fahren, sondern mit meinem Freund Ditsch stilgemäß das Moped zu nehmen. Ditsch mit seiner Simson, ich mit der Zündapp meines Uronkels Karl, der mit Holzbein aus dem Krieg zurückkam und deshalb nie Auto fuhr. Ich mochte das Moped schon als Kind, Uronkel Karl nannte die Zündapp immer nur »die Bergsteiger«, weil sie anscheinend jede Steigung schafft. Unsere Mopeds bringen uns tapfer und lautstark die Geislinger Steige hoch. Heute sind wir mal die Stinker.

Wir fahren im warmen Sommerwind über die Alb in dieses Dorf zwischen Geislingen und Ulm, in das es mich noch nie zuvor verschlagen hat. Ein Gasthof als Überbleibsel einer Zeit, die längst vorbei ist. Früher sicher ein respektabler Hof, vor dem Hauptgebäude ein riesiger, von der Sonne aufgeheizter Platz an der Dorfstraße. Kein Ton ist zu hören, nachdem wir unsere Knatterkisten abgestellt haben. Auf der Straße so viel los wie in einer leeren Westernstadt. Außer wenn ein Traktor vorbeifährt, dann vibriert der Asphalt vor dem Gasthof. Kein Werbeschild, keine Brauereitafel, nur ein Glaskasten mit verblichener getippter Vesperkarte.

Neben Vesperteller, Wurstsalat, Leberkäse wird Dosenwurst angeboten, die Vierhundert-Gramm-Dose für 3,80 Euro, dann diverse Biere und ganz unten Most: ein Glas 2,20, ein ganzer Krug 5,00 Euro.

Die Wirtsleute wirken auch wie aus einer anderen Ära. Eigentlich ist heute gar nicht geöffnet. Der Mann hat nur rausgeschaut, weil er wissen wollte, wer da mit dem Moped gekommen ist. Und weil ihm die Mopeds gefallen oder er unserem Beteuern nicht widerstehen kann, dass wir den weiten Weg nur gemacht haben, um ein Glas Most zu trinken, dürfen wir reinkommen. Seine Frau ist etwas mürrisch, wahrscheinlich weil ihr die Gutmütigkeit ihres Manns auf den Wecker geht. Ganz langsam und vor sich hin murmelnd, stellt sie am Tisch neben der Theke die Stühle für uns ordentlich hin. Die anderen Tische müssen aufgestuhlt bleiben. »Die Stühle stören Sie ja ned, gell!«, meint sie nur zu uns. Uns ist das stilvoll genug. Wir bekommen Dosenwurst, und zwar jeder vierhundert Gramm, Holzofenbrot, und das alte Männle bringt uns mit etwas Verspätung den Grund unserer Reise, den heiß begehrten Most.

An der Theke klebt ein Aufkleber, wahrscheinlich aus den späten Achtzigerjahren: »Mosttrinker sind Naturschützer«. Darauf trinken wir!

Der Wirt stellt sich zu uns an den Tisch und schenkt sich ebenfalls einen Schluck Most in seine Tasse mit Handwerkerwerbung drauf, Holzbau Müller Schnittlingen. Wahrscheinlich trinkt er den ganzen Tag Tee

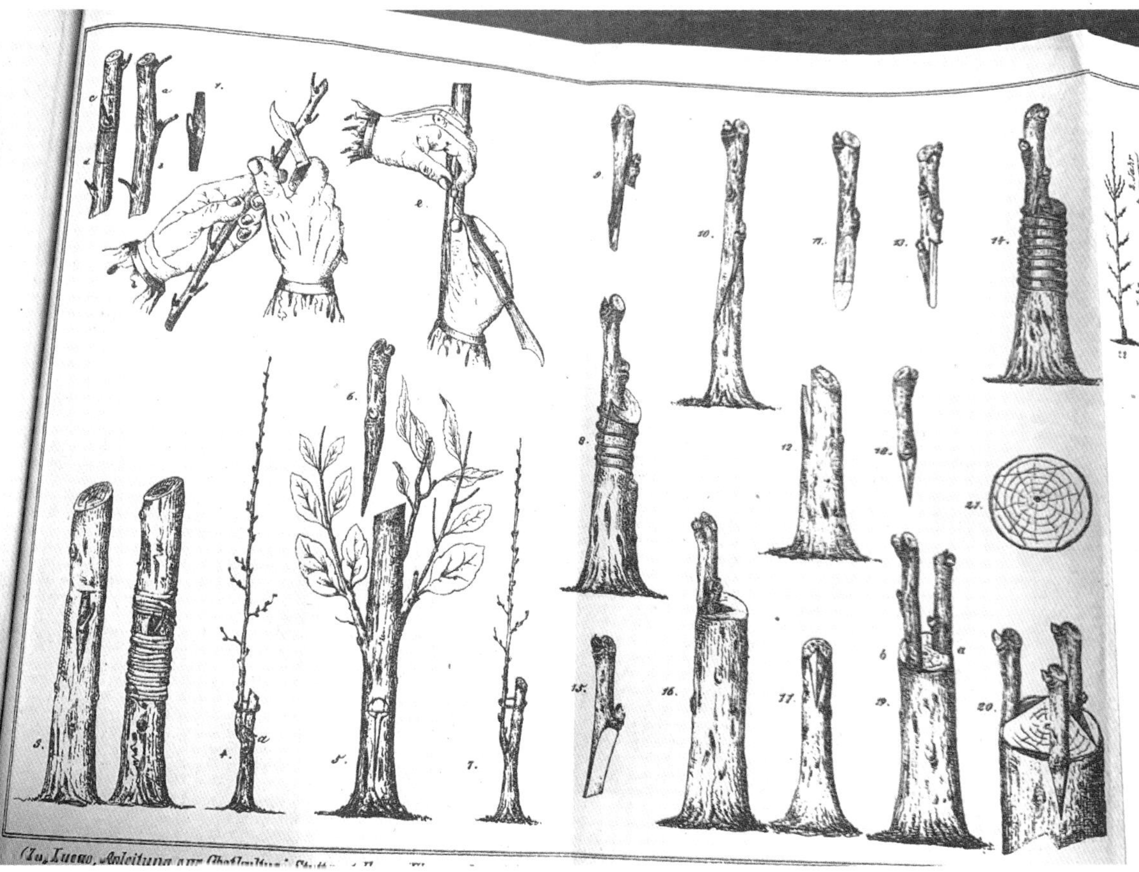

Verschiedene Methoden des Pfropfens zum Veredeln von Obst.
Bildtafel aus einem Werk des Pomologen Eduard Lucas (1816–1882)

daraus, aus der Baustellentasse, die ihm seine Frau hinterherträgt. Heute nutzt er aber die Gelegenheit, wenn schon mal andere Menschen vorbeikommen, an der Geselligkeit teilzunehmen. Vielleicht erinnert ihn die Situation an wilde Abende in der vollen, überhitzten Gaststube vor sechzig Jahren mit Mosträuschen, die noch am nächsten Tag im Schädel brummten.

Er erzählt, dass er Jakob heißt, benannt nach einer Apfelsorte, die in der ganzen Gegend beliebt war, Jakob Fischer. Man kennt sogar den Urbaum, der irgendwo bei Rottum in Oberschaben steht, gefunden als kleiner Wildbaum vor hundert Jahren von einem Bäuerlein am Waldrand neben seinem Hof. Jakob Fischer grub ihn aus und zog ihn auf, und weil die Äpfel den Leuten schmeckten, hießen sie fortan Jakob Fischer. Die Sorte brachte es zu überregionaler Bekanntheit, weil sie sich gut dem rauen Klima Oberschwabens angepasst hatte. Der Urbaum sei aber letztes Jahr eingegangen.

Mit Jörg will ich über Most sprechen, quasi die Urform seiner heutigen Edelmoste. Er macht ja nicht nur alkoholfreie Aperitifs und Essensbegleiter für Menüs, sondern hat all die Jahre immer damit geliebäugelt, eine Renaissance des klassischen Mosts loszutreten; er hat es mit neuem Flaschendesign probiert und das Ergebnis »Most wanted« genannt, aber niemand wollte es. Er hat sortenreinen Most angeboten, vom Holzapfel, streng, säuerlich, aber fein – doch der blieb ein Liebhaberobjekt. Eine Birnencuvée aus Schweizer Wasserbirne, Oberösterreicher Weinbirne und Nägelesbirne wurde schon etwas besser angenommen, ebenso ein Craft Cider, bei dem er zum Apfelwein schwarze Johannisbeeren mischte, sowie ein Schwäbischer Cider brut und mild. Das waren alles noble Versuche, das angestaubte Image von Most in die Gegenwart zu retten. In der Tat verkaufte sich sein Most allein schon besser, als er ihn nicht mehr Most nannte.

Jörg schaute sich bei den Nachbarn um. In Spanien ist der Sidra ein anerkanntes Getränk, und der französische Cidre klingt per se schon mal feiner als Most. Der Getränkeentwickler entschied sich für den englischen Namen Cider. Bis heute hat er es nicht aufgegeben, dem Urgetränk mit seinen alten Sorten wieder gerecht werden zu wollen. Bei einer Feierabendstimmung auf der Obstwiese, nach einem langen Tag mit körperlicher Arbeit, so stelle ich mir das zumindest vor, kam ihm die Idee: Wenn beim Bier die 0,33-Liter-Bottleneck-Variante funktionierte und in der Werbung Menschen in Workwear ein schnelles Bierchen genüsslich zum Sonnenuntergang tranken, dann wollte er es mit genau solchen Flaschen probieren. Und es klappte.

Cider gibt es jetzt in kleinen braunen Bierflaschen, seit Neustem auch in einer alkoholfreien Variante, »feinherb«, die mehr nach Mixgetränk und intensiver, vollmundiger schmeckt. Vielleicht denke ich das aber nur, weil ich die Entstehungsgeschichte kenne. Diese Geschichte begann mit einem Unfall im Tanklager.

Irgendjemand im Betrieb hatte fünftausend Liter des teuren französischen Rotweins, der gerade entalkoholisiert worden war, in einen Tank gepumpt, der noch zehntausend Liter Apfelsaft enthielt. Zu viel an Schadensmenge, um alles wegzukippen, was im schwäbischen Wertesystem ohnehin ein Sakrileg wäre. Es musste also dringend aus der Not eine Tugend gemacht werden. Weil die Mixtur zwar nicht schlecht, aber reichlich unbalanciert und charakterlos schmeckte, griff Jörg Geiger zusammen mit den Kellermeistern Martin und Mimi zu einem ungewöhnlichen Mittel: Wenn eh schon Wein und Apfelsaft drin waren – zu sauer, wenig süffig für ein Feierabendgetränk –, wieso nicht das Hopfige von Bier untermischen? Jörg Geiger setzte Hopfen an und gab zu den fünfzehntausend Litern noch zwei Badewannen Hopfenbrühe. Und heraus kam, für mein Empfinden allemal, ein süffiges, dichtes Getränk. Ohne Alkohol, aber intensiv und feinherb, wie ich es auch beim Bier schätze. Mittlerweile findet das Unfallgetränk seine Abnehmer, nicht unbedingt in der Edelgastronomie und beim Sektempfang, sondern als Drink auf die Hand. Prost!

SOMMER

Schlat in the morning

## Tea for the tree – Pflanzenstärkung

Schlat ist ein Obstdorf. Jeder in Schlat hat mit Obstanbau zu tun. Schwenkt man den Blick langsam übers Dorf, vom Wasserberg über den Gairenbuckel in Richtung Wald, bis sich die Aussicht öffnet runter auf Göppingen und das Asphaltwerk, bekommt man einen Blick von oben über die angebauten Sorten und die Art des Anbaus. Der eine hat sich auf Kirschen spezialisiert, der andere auf Beeren, die meisten auf Tafelobst. Man sieht noch klassische Streuobstflächen mit alten Hochstämmen, aber auch neu gepflanzte Hochstämme, die leicht mit Tafelobstreihen zu verwechseln sind. Viele im Tafelobst machen es ganz traditionell, das heißt wie in den Siebzigerjahren. Kleine Spalierbäume, die Äste an Drähte gebunden, im dritten Jahr die ersten Früchte, nach zwölf Jahren lässt der Ertrag nach und sie werden ausgerissen. Meist ganze Reihen derselben Sorte, die mit Netzen gegen Vögel geschützt und gegen Fäulnis, Pilze und Insekten gespritzt werden. Pflegefälle, die im Grunde das ganze Jahr über Schutz gegen alle Unbill der Natur brauchen. Irgendwo fährt immer ein Traktor und spritzt. Das muss auch so sein, wenn die Bauern Ertrag haben wollen. So bestimmt es der Markt.

Bei den alten Hochstammbäumen dagegen ergibt diese intensive Nutzung keinen Sinn. Die alten Bäume sind genügsam und eigensinnig. Sie machen, was sie wollen. Alle paar Jahre auch mal Pause. Dann hängt kein einziger Apfel am Baum. Er regeneriert sich und »geht ins Holz«. Die Bäume kümmern sich um ihr Wachstum, ihre Standfestigkeit oder sie reichern Nährstoffvorräte an.

Jörg Geiger betreibt neuerdings Pflanzenstärkung, er macht Bodenanalysen in Laboren und düngt mithilfe von Schafen. Zu einem beträchtlichen Anteil helfen ihm die Vögel, die in dieser Jahreszeit ihren Nachwuchs großziehen und viel eiweißreiche Nahrung in Form von Raupen, Läusen und anderen Insekten brauchen. Ich habe das immer als Nice-to-have für den Obstbau angesehen, so wie ich Vogelgezwitscher als netten Atmo-Ton in einem Film schätze, aber für Jörg machen die Vögel den Pflanzenschutz.

Ich rechne dank einiger Onlinedaten kurz nach: Ein Singvogel frisst im Jahr etwa sechzig Kilo an Insekten; auf einer einzigen Obstwiese mit fünfzig Vogelpaaren werden somit ungefähr sechs Tonnen Insekten gefressen. Ich stelle mir eine Streuobstwiese vor und lasse daneben von einem Laster sechs Paletten mit Kühlschränken abladen.

Jörg kommt mit dem McCormick auf mich zugefahren, mit einem noch größeren Tankanhänger als die Bauern drüben vom Tafelobst und eine noch größere Nebelwolke hinter sich in die Bäume blasend. Der Sprühnebel ist so stark, dass die Äste der alten Bäume hin und her schwanken. Ich erinnere mich an den Spruch vom dümmsten Bauern und den größten Kartoffeln und denke dabei an die größte Pflanzenspritze.

Mein Avantgarde-Obstbauer hat letztes Jahr aufgehört, sich um klassischen Pflanzenschutz zu kümmern. Seinen Bäumen geht es gut, nur vereinzelt haben sie ein wenig Bakterienbrand, eine Sprühfleckenkrankheit. Ich komme kurz gedanklich ins Schlingern, weil die Bäume augenscheinlich gespritzt werden, und er sieht meinen ungläubigen Blick. »Das ist Blattnahrung. Hab ich auch aus einem Buch, aber einem neuen.« Hier spricht wieder der Koch.

Nicht nur Jörg nennt diesen Sud Tee, auch die anderen Pflanzenfreaks sprechen in ihren Büchern von Tee. Für die Blattnahrung hat er Hornmehl, Beinwell, Pulver mit effektiven Mikroorganismen und Fischöl in einem Brennnesselsud gemixt. Das Fischöl hat er selbst hergestellt. Es besteht aus sechshundert Kilo Forellenköpfen und Gräten von einem befreundeten Gastronomen aus dem Elztal, die drei Monate lang vor sich hin fermentierten. In dieser Zeit roch es im Lamm, hinten in der alten Mosterei, ziemlich japanisch. Nach Fischsauce. Ich entdecke die vielen feinen Tröpfchen auf meiner Kleidung und denke an Baumstärkung Teryaki-Style.

## Kultivierte Wildnis

Apfel- und Birnbäume stammen ursprünglich aus waldartigen Landschaften. Über Jahrtausende haben Menschen aus bitteren Holzbirnen aromatische Weinbirnen und aus sauren Wildäpfeln süße Tafeläpfel mit hohen Ertragsleistungen gezüchtet.

Ich stelle mir vor, wie unsere keltischen Vorfahren zwar am Baum nur holzige grüne Zierfrüchtchen vorfanden, aber wenn sie sich bückten und die am Waldboden gelb gereifteaj7n und leicht angefaulten Exemplare probierten, konnten sie schon in den Genuss von etwas angenehmeren Aromen kommen. Und irgendwann hat vielleicht ein landwirtschaftlich versierter keltischer Bauer herausgefunden, dass ein solches Bäumchen bei mehr Licht auch schmackhaftere Früchte bringt.

Dass all die Vorfahren unserer Apfel- und Birnbäume aus dem Wald kommen sollen, bleibt mir auf meiner Fahrt mit dem Bike durch die Obstwiesen von Hürbelsbach nach Schlat im Kopf hängen, wie so oft, wenn die Gleichmäßigkeit des Radfahrens mir einen Gedanken looppartig kreisen lässt. Am Anfang war hier alles Wald, noch viel dichter als der, durch den ich gerade radle. Es gab ursprünglich kaum offene Landschaften. Auf den Hügeln und in den Tälern wuchsen Buchenwälder. Als die Menschen sesshaft wurden, dem Wald ein Stück Acker abtrotzten, Getreide anpflanzten, war das gerodete Land oft zu kostbar und die landwirtschaftliche Idee noch nicht geboren, Ackerland und Obstbäume zu kombinieren. Stattdessen nutzte man den Wald ausgiebig als Weidewald für die Tiere. Vielleicht war es so wie bei dem Stuttgarter Ziegenhirten, der 1750 auf einen nicht allzu hohen, spitz zulaufenden Baum mit Birnen stieß, die er frisch vom Baum genießen konnte, während er seine Geißen im Wald oberhalb von Stuttgart weiden ließ. Zuckersüß im Geschmack und fein nach Zimt duftend, aber nur wenige Tage haltbar wurde diese neue Sorte nach ihrem Entdecker, dem Stuttgarter Gaishirtle, benannt.

Ich fahre über die B 10 hoch auf die andere Talseite in Richtung »Nähkissele«, ein kreisrunder Berg, der nur noch dünn bewaldet ist und von Weitem aussieht, als hätte er einen nach oben zurückgewichenen Haaransatz. Rings herum alte Weidelandschaft mit Wacholderheide,

Orchideenwiesen und einem offenen Übergangsbereich von Wald zu Weide, in dem ich tatsächlich eine kleine Herde Jungkühe auffinde. Sie stehen etwas verloren unter sauber von unten getrimmten Baumkronen und fressen jeden neuen Trieb vom Baum, den sie mit gestreckten Hals noch erreichen können.

Viele Apfel- und Birnensorten, die wir heute kennen, stammen von solchen Zufallssämlingen. Ich stelle mir vor, wie Bauern vor Jahrhunderten hier im Wald Wildbäume mit Früchten entdeckt haben. Selbst heute noch findet man laut unserem Förster vereinzelt Wildsämlinge. Ich steige über den elektrischen Weidezaun. Ich finde natürlich keine, aber ich fokussiere mich auf Essbares: unreife Haselnüsse, Hagebutten, Wacholderbeeren und einen Wildkirschenbaum, der gerade dabei ist, seine reifen Früchte fallen zu lassen, die stoisch von einer Kuh am Boden aufgeleckt werden.

Ich lege mich an eine kuhfladenfreie Stelle in die Sonne, aber so, dass mein Gesicht von der riesigen Buche über mir beschattet wird. Was, wenn das alles hier ursprünglich Wald und Weide gleichzeitig war, Hutewald? Ich schaue in die Krone der Buche. Gegen so einen mächtigen Konkurrenten kommt kein Birnbaum an. Wie soll da eine Birne Licht bekommen, die selbst mit zwanzig Meter Höhe immer kleiner sein wird als ein ausgewachsener Waldbaum?

Wahrscheinlich waren diese lichten Hutewaldgebiete die ideale Mischform aus Nutzfläche und Wildnis, die die Bauern auf die Idee gebracht haben, Streuobstwiesen anzulegen. Aus Wald mit Obstbäumen wurde Wiese mit Obstbäumen. Bis heute hat es die Landwirtschaft an vielen Stellen nicht geschafft, das hügelige, vertrackte Albvorland und schon gar nicht die steile Albkante agrarindustriell anders zu nutzen. Wahrscheinlich kamen hier mehrere Umstände zusammen, die aus dieser Gegend ein veritables Apfel- und Birnenparadies machten. Die Ausdünnung der Wälder durch Weidewirtschaft gefiel der Wildbirne sicher gut. So wie die Kirschen leckende Kuh immer noch ihren Beitrag zur Verbreitung der Samen leistet. Früher zogen die Hirten weiter auf die nächsten Weiden und die Tiere nahmen in ihren Mägen die Obstkerne mit sich. Im Dung, den das Vieh andernorts hinterließ, konnten diese überwintern und als Sämlinge, oft geschützt von dornigem Gestrüpp, gefahrlos im nächsten Frühling austreiben. Die ersten Johnny Appleseeds in Europa waren vielleicht somit die Weidetiere. Well done!

Diese gezüchteten Tafelbirnen stammen wie alle Apfel- und Birnbäume ursprünglich aus waldartigen Landschaften

Manche Streuobstwiesen mit altem Bestand erinnern daran, dass sie einst Hutewälder für Weidetiere waren

Erst als im 18. Jahrhundert die Waldhute mehr und mehr zurückging, fielen Kühe und Ziegen als ständige Samenverteiler per Dung aus. Der Wald wurde wieder dichter, die Keimlinge und jugendlichen Obstbäume hatten gegen Konkurrenten immer weniger Chancen, nach oben zur Sonne durchzukommen. Nur an den Waldrändern fanden sie noch genügend Licht und Wärme, verwöhnt durch die Schräglage der Alb und seiner warmen Nischen.

Beim Blick auf die Obstwiesen, Hügel, Mulden, Baumgruppen und Hecken versuche ich, mir diese Landschaft im Wandel der Jahrtausende vorzustellen. Kann sie im Urzustand anders ausgesehen haben als gerade jetzt?

Obwohl ich überzeugt bin, dass es nie einen Urzustand gegeben hat, da immer alles im Wandel ist, male ich mir eine Szenerie aus, ähnlich dem Stückchen Waldrand, in das ich gerade eingetaucht bin. Lichte Waldstücke, die sich mit Wiesen abwechseln, ich an einem sonnigen trockenen Hang liegend, die ewig kauenden Kühe, die fallenden Wildkirschen, die Kackhaufen, die tonnenweise Eiweiß verspeisenden Vögel …

Zwar laufen beim Stichwort Urzustand sogleich Dinosaurier durch meine imaginierte Obstbaumlandschaft, ein Geschichts-Konditionierungs-Bug, als ob unser prähistorischer Blick durch *Jurassic Park* versaut worden wäre. Aber wenn ich etwas vorwärtsspule bis zu den Römern, taucht ein Bild auf von den Urgroßvätern und Urgroßmüttern unserer Apfel- und Birnbäume, die hier eine ideale Landschaft vorfanden und sich sagten, hier wollen wir uns niederlassen, Wurzeln treiben in dieses karstige Gestein, im Schutz der Waldbäume leben und uns von Tieren anknabbern lassen.

## Aus Wein wird Most

Es waren wohl nach den keltischen Bauern die Römer, die die warmen Hänge des Neckartals und seiner Nebenflüsse diesseits des Limes für etwas entdeckten, woran ihnen viel lag. Der Bedarf an ihrem Lieblingsgetränk war immens und die Steillagen entlang der Albkante eigneten sich einigermaßen für Weinbau. Noch im 16. Jahrhundert war der Anbau von Weintrauben in Württemberg ein richtiges Business, Tausende von Weingärten wurden kultiviert, an die bis heute Flurnamen wie Wengert oder Weinberg erinnern.

Doch die Kleine Eiszeit in Europa und die klimatische Abkühlung führte Mitte des 17. Jahrhunderts zu einem Rückgang des Weinanbaus. Alternativen zum Traubenwein wurden gesucht. Zu dieser Zeit rückten wilde Zufallssämlinge außerhalb von Gärten und Klostermauern mehr ins Zentrum des Interesses.

Das Haus Württemberg ließ in der königlichen Baumschule in Hohenheim per Dekret viele Bäume vermehren, die dann dank einer Art ersten Subvention über die Lande verteilt wurden. Unzählige Bücher zum Thema Obstkunde und Baumveredelung wurden geschrieben, mit Tipps zur Verarbeitung dieser immer noch sauren und bitteren Früchte. Dabei war es wohl wieder einigen Pionieren zu verdanken, die zuvor schon mit der Veredelung der Wildformen und dem jahrelangen Sammeln und Auswerten von Zufallssämlingen Grundlagenforschung betrieben hatten, dass sich innerhalb weniger Jahrzehnte trinkbare Sorten übers ganze Herzogtum verteilten. Zufällig entdeckt, auf Wildlinge gepfropft, massenhaft geklont – und der Most konnte fließen. Gleichzeitig war dies die Stunde des Tafelobsts. Man hatte entdeckt, dass man schmackhafte Sorten auch auf Buschformen wie den Quittenbaum pfropfen konnte. Kleine Bäume mit immer süßeren und knackigeren Früchten wuchsen heran.

Als Kind habe ich meinem Vater zugeschaut, wie er einem Bäumchen einfach die komplette Krone absägte, mit dem Messer eine Kerbe in die Rinde schnitzte und dem kopflosen Bäumchen mit einem Verband aus Bast und einer Art Wachs ein bis zwei neue Triebe dranschnürte. Das war kein Baum mehr, sondern ein Stock im Boden, mit zwei Antennen oben dran. So wie Kinder vielleicht Roboter bauen würden.

## Wildlinge

In der sommerlichen Junilandschaft kommt mir die warme Schlater Talsenke wie ein halbierter Vulkankrater vor. Auf der Straße nach Schlat sehe ich rechts und links die Tafelobstplantagen, mit Sorten wie Elstar, Rubinette, Gala, Braeburn und Jonagold. Spalierobst in Reih und Glied, das gedüngt und gegen Schädlinge gespritzt werden muss. Auch ich greife im Supermarkt meinen Kindern zuliebe oft zu makellosen und knackigen Äpfeln.

Solche Probleme hat Mostobst nicht. Jörg Geiger ist im Weingarten zwischen seinen jungen Nachpflanzungen unterwegs. Sie stehen ebenfalls in Reih und Glied, doch daneben wachsen Sträucher wie kleine Haselnussbüsche und Stauden wie Beinwell und viele blühende Pflanzen. Sogar Getreidehalme vom Roggen tauchen auf. Die Birnbäume sind zwar jugendlich dünn, aber schon fünf Meter hoch. Da sind sie wieder, die im Frühjahr bestäubten: Champagner Bratbirne, Prevorster Bratbirne, Karcherbirne auf französischer Unterlage.

»Verschiedene Sorten auf verschiedenen Unterlagen, um herauszufinden, welche Sorten sich in dem neuen Klima zukünftig am besten für unsere Landschaft eignen«, meint Jörg Geiger, die Bäumchen prüfend. Er zeigt mit dem Finger auf eine Verdickung oben am Stamm, wo die ersten drei bis vier Hauptäste sich teilen. »Das ist die Veredelungsstelle. Alles, was unterhalb wächst, heißt Unterlage, alles oberhalb Veredelung. Wenn man so will, zwei verschiedene Bäume.«

Ich merke, dass Veredeln so was wie die Mathematik der Obstkunde ist. Ich baue mir mein Weltbild in Sachen Äpfel und Birnen mal ganz vereinfacht auf: Es gibt drei Arten von Obstbäumen: Tafelobst auf kleinen Bäumen (Spalierobst), Tafelobst auf großen Bäumen und Mostobst. Ein Baum besteht immer aus einer Unterlage, also der Sorte, die das Wurzelwerk und manchmal auch den Stamm bildet, und einer oberen Veredelungssorte.

Beim Spalierobst ist es unten eine Buschform wie die Quitte, die schnell und schwach wächst, also ihre Energie nicht dafür verwendet, groß zu werden, sondern viele Früchte zu bilden. Oben wird veredelt mit beliebten Tafelobstsorten.

Beim Tafelobst auf großen Bäumen ist es unten eine Sorte, die stark wächst, tief wurzelt und besser mit heutigen Klimabedingungen zurechtkommt. Das ist quasi noch der Waldbaum. Alles oberhalb davon ist die gezüchtete Fruchtsorte, bei der es nur um gewünschte Eigenschaften geht, etwa um süße schmackhafte Früchte, die lange lagerfähig sind.

Beim Mostobst sind es unten stark wachsende Unterlagen, die noch Waldbaumcharakter haben, und oben dann alte Sorten, die erst lecker werden, wenn man sie verarbeitet. Das werden die riesigen Bäume mit ihren kleinen geschmacksintensiven Früchten, die man gerade in Süddeutschland als bis zu fünfundzwanzig Meter hohe, uralte Solitäre auf den Wiesen stehen sieht.

Und nur die sind es, deren Äste in manchen Jahren zentnerweise mit nicht direkt verwertbaren Früchten voll hängen und in ihrem ganzen Erscheinungsbild wie Waldbäume daherkommen. So richtig ganz verstanden hab ich es trotzdem noch nicht.

Jörg Geiger nimmt mich mit, um mir solche Urbäume im Wald zu zeigen. Wir laufen am Waldrand oberhalb von Schlat entlang, jetzt im Frühsommer eine undurchdringliche grüne Wildnis, es ist kein Eingang in den Wald zu finden. Jörg Geiger hat eine Sense dabei und haut damit an einer für mich nicht erschließbaren Stelle auf Brennnesseln und Buschwerk ein, bis wir endlich einen Durchgang geschaffen haben.

»Die Baumschuler vor zweihundert Jahren sind wie wir jetzt hinausgegangen in die Wälder und haben die Früchte dieser Wildlinge gesammelt. Aus den Kernen haben sie die ersten Sämlinge gezogen.«

Wir stolpern weiter durch den Wald und kommen zu einer Testfläche, wie eine kleine Lichtung im Wald, wo er im vorletzten Herbst großflächig Samen aus dem Apfel- und Birnentrester ausgesät hat: die klassische Methode der Sortensuche, meint Jörg Geiger. Wir stehen inmitten von Hunderten dünner holziger Stöckchen, kaum eines mehr als fünfzig Zentimeter hoch, unscheinbar, mit zwei, vier oder sechs Blättern. »Man weiß einfach nicht, was rauskommt. Sicher auch paar neue Sorten, die vielleicht noch anpassungsfähiger wären an die neuen klimatischen Verhältnisse hier in Schlat, aber die müsste ich alle einzeln pflanzen und unter Umständen zwanzig Jahre warten, bis sie Früchte tragen, und dann

anhand ihres Geschmacks und der Vitalität des Baums entscheiden, mit welchem ich weiterzüchten will.«

Ich betrachte mir den Kindergarten an Wildlingen, von denen niemand weiß, wie ihre Früchte eines Tages schmecken werden. Wie werden sie sich entwickeln, werden sie eingehen, wegen zu viel Hitze oder zu wenig Licht hier im Wald, wie wird ihr Wuchs sein?

Auf diese Idee hat ihn Friedrich Schillers Vater gebracht. Johann Caspar Schiller, der Hofgärtner des Herzogs von Württemberg, war maßgeblich an der Entwicklung der Obstkultur in Württemberg beteiligt. Er verteilte Anfang der 1790er-Jahre in einem Feldversuch in seiner Forstbaumschule große Mengen Obstkerne auf einem Flecken im Wald und erhielt daraufhin über viertausend Pflanzen, aus denen er einige neue Sorten züchtete. »Gehen wir davon aus, dass er seine Zöglinge genau beobachtet und mit den kräftigsten und schönsten weiter gezüchtet hat. Vielleicht haben manche dieser Bäumchen überlebt und stehen noch heute irgendwo in den Wäldern ums Schloss Solitude herum als uralte Birnbäume mitten im Wald.«

Ganz in der Nähe steht ein imposanter, massiger Birnbaum, der seine beste Zeit hinter sich hat. Ich fühle mich ein bisschen wie in dem Film *Avatar*. Ein wilder Obstbaum im Wald – mit einer besonderen Aura, zumindest für mich. Als Baum des Lebens in einem Hollywoodfilm würde er nicht taugen. Zu spärlich begrünt seine Krone und zu vermurkst seine Proportionen. Ein Hauptstamm, aus dem mehrere sich schon weit unten verzweigende und in sich gedreht wachsende Einzelstämme wachsen. Zwei davon abgestorben, ein jüngerer Ast schießt dicht am Stamm hoch. »Wohl Panikwuchs wegen chronischer Lichtknappheit«, diagnostiziert Jörg Geiger. Er hat daneben ein paar zu aufdringliche Waldbäume fällen und den alten Birnbaum freischneiden lassen. Ein alter dürrer Koloss, der dadurch umso verlorener dasteht. Wie ein Mensch, der lange in Isolationshaft gelebt hat. Ein Baum, der die meiste Zeit vergessen war, von dessen Existenz vielleicht nur der Waldeigentümer oder vielleicht noch der Förster wussten. Vielleicht hatte er Nachkommen, die als Unterlage für die Bäume hier im Tal genutzt wurden. Ein Zufallssämling, Sorte unbekannt.

Wir lassen den sterbenden Elefantenbullen allein zurück. Jörg will mir weitere Apfelbäume am Waldrand zeigen, keine fünfhundert Meter entfernt am Waldrand. Irgendwann treten wir wieder aus dem Wald hinaus. Fast schon heiße Temperaturen auf der Wiese, unten am Weinberg stehen die neuen Bäumchen in Reih und Glied und schwitzen hoffentlich weniger als wir.

Von hier am Waldrand aus erkennt man das ganze Tal mit den Obstwiesen der Schlater Bauern. Kleine Spalierobstreihen, zwei Meter hoch, Tafelobst, teilweise mit Netzen überspannt, dazwischen viele Apfelbäume, Hochstämme in allen Varianten und Wuchsformen, als Tafelobst und Mostobst. Und dazwischen sicher fünfzig Baumriesen, alle über zwanzig Meter hoch, die Birnbäume, die wie Landschaftsmarker im Bild fungieren. Ganz links den höchsten von ihnen mit fünfundzwanzig Metern will ich gleich General Sherman taufen. Er wächst nicht auf Jörg Geigers Wiese, aber seine Birnen bringt der Nachbar jedes Jahr zu Jörg. Vor ein paar Jahren waren es zwanzig Zentner. Das heißt: Der Baum hat in einem Jahr die unglaubliche Menge von einer Tonne an Früchten produziert. Was für eine verschwenderische Energie der Baum in potenzielle Nachkommenschaft gesteckt hat. In der Mitte der Gruppe ragen Champagner Bratbirnen von Jörgs Großvater auf, zwar sind es nur fünf Bäume, aber alle haben eine beeindruckend schöne Krone. Immer weiter bis zum Horizont, hinüber zum Hohenstaufen, alte Birnbäume, Fixpunkte in der Landschaft.

Vor uns neben der feuchten Senke, wo Jörg seine Kräuter erntet, steht eine Palmische Birne, irre gewachsen, weil sich der kurze Stamm schon nach ein bis zwei Metern aufteilt, als wäre er beim Wachsen explodiert und jeder Ast unkontrolliert in alle Himmelsrichtungen weitergerankt. Das ist der *Avatar*-Baum.

Bei den alten Baumriesen zeigt jede Sorte den ihr eigenen Wuchs. Baum für Baum entdecke ich selber die unterschiedlichen Formen. Bei den Apfelbäumen gibt es kugelförmige Kronen, eine pyramidale Dreiecksform oder spitz zulaufende wie ein Hut. Bei den Birnen dicke, schön proportionierte Äste, die sich nach dem Schönheitsprinzip des goldenen Schnitts gleichmäßig weiter teilen à la Mandelbrotbaum, oder rankende Wuchsformen, als schlängelten sie sich mit ungebändigtem Wuchstrieb gen Himmel. Mit schlaksigen Armen wie bei einem Heranwachsenden, bei dem man sagt, er sei in die Länge geschossen. Dabei sind sie eher Überbleibsel, denen ihr wilder Wuchs weggezüchtet oder mit Bandagen zurechtgebogen worden wäre. So wie man heute auch keine alten Menschen mehr mit Buckel sieht oder einem Kropf am Hals.

Wir laufen die Baumreihen mit den schlaksigen Teenagern entlang. Jörg Geiger lässt diesen naturnahen Wuchs zu und erlaubt den Bäumen, sich dadurch selbst in Balance zu bringen. Auch wenn der Baum dann viel Energie aufbringen muss, zu wachsen, mehr Holz auszubauen, damit er stark wird, hoch hinaus wachsen kann und gleichzeitig tief hinein ins Erdreich, dort, wo seine Pfahlwurzeln auf Wasser stoßen und Mineralien frei lösen können – um langlebig und resilient zu werden. Es scheint dem Wesen dieser Bäume zu entsprechen, dass sie sich diesen Luxus gönnen, anstatt zu früh Früchte auszubilden.

»Wenn man den Bäumen erlaubt, naturnah zu wachsen, gibt man auch den anderen Lebewesen die Möglichkeit, sich zu entfalten. Heute weiß ich, dass Wiesenobst einen der ökologisch wertvollsten Lebensräume in unseren Breiten darstellt. Mit ihrem Luftraum und den Nistmöglichkeiten bieten diese Wildbäume Platz für besonders schützenswerte Vogelarten, blühende Bäume im Frühjahr und Früchte im Herbst sind Nahrungsquelle für Bienen und für weitere Nützlinge. Auf den Geschmack der Birnen wirken auch die umliegenden Sträucher und Stauden, deshalb hab ich zwischen die jungen Bäume Sträucher und Stauden gepflanzt«, bemerkt Jörg irgendwie demütig. Und irgendwann wird die noch junge Wiese zu einer offenen waldartigen Landschaft werden.

Das Geheimnis des Schwäbischen Wiesenobsts, so wird mir immer klarer, liegt unter der Erde. Jörg Geiger sagt: »Die Wurzeln sind es. Wie bei echten tief wurzelnden Waldbäumen auch wachsen ihre Wurzeln so tief in den Boden, wie die Bäume in die Höhe wachsen.« Ich zögere bei der Vorstellung, dass ein Baum, der zwanzig Meter hoch ist, auch zwanzig Meter tief in die Erde wächst. Oben und unten wie ein Spiegelbild, die Oberwelt und die Unterwelt, die auf der Grasnarbe einer Obstwiese ineinander übergehen. Ein riesiges massives Wurzelwerk, das sich hier an den Hängen der Alb durch die losen Schichten des Kalksteins bohrt.

Aus diesen Schichten holt sich der Baum seine Mineralien und seine Mikronährstoffe. Dass sie bis heute in dieser Wildform kultiviert werden, ist die Quelle für ihren besonderen Geschmack.

Mittlerweile ist es Abend geworden, die Sonne geht goldgelb wie eine Mostbirne unter. Die Hitze des Tages hält sich unter den Bäumen noch eine Weile länger als auf der Wiese. Ich habe dieses warme süddeutsche Terroir heute wieder ein Stück mehr zu schätzen gelernt. Mit meinem Bike fahre ich zurück. Die meisten Bäume liegen schon im Dunkeln, nur General Sherman und ein paar andere alte Riesen werden angeleuchtet von den letzten roten Strahlen.

Ich frage mich, was das Radfahren mit mir macht. So fühlt sich wohl Ausgeglichenheit an. Wie früher, 1982, wenn ich als Zwölfjähriger mit meinem BMX endlose Reisen unternahm. Als es noch keine richtigen BMX-Räder zu kaufen gab und ich mir eines selber zusammenbasteln musste. Mein zu klein gewordenes Kinderrad als Rahmen, dafür musste mir mein Vater die Sitzstange ein Stück tiefer schweißen. Die Pegs, also die herausstehenden Naben, auf denen man Kunststückchen machen konnte, waren geschweißte Heizungsrohre. Ich bestellte einen hohen Bonanza-Radlenker bei dem alten Mann im Fahrradladen. Das ganze Rad bemalte ich mit grün-grauem Military-Muster. Statt der Schutzpolster organisierte ich beim Elektriker im Dorf Schaumstoffröhren von Heizungsleitungen, die ich um Sitzstange und Lenker klebte und mit Silber ansprühte. Das war kein Fahrrad mehr, sondern eine *war machine*, und ich war der Held unter den Zwölfjährigen im Dorf.

Dabei fühlte ich mich nicht wie ein Held, sondern schaute auf meinen meist einsamen Fahrten nur die Welt an. So als hätte sich meine Person aufgelöst. Ich habe alles inspiziert, in jeden Gully geschaut, bin alle befahrbaren und auch verbotenen Wege gefahren und war reiner Beobachter.

Und dieses Gefühl taucht heute wieder auf, je weiter ich wegfahre, vor allem wenn ich in ungewohnten Landschaften querfeldein fahre, habe ich wieder dieses tolle Gefühl, einfach da zu sein. Als ob ich es zuletzt mit zwölf geschafft hätte, die Welt nicht nur aus meiner Perspektive zu sehen. Ich konnte einfach so durch die Landschaft fahren, wahrnehmen, was es alles um mich zu sehen, zu riechen und zu hören gab, andere

Gedanken waren nicht da. Ich war verbunden mit allem, und nichts haftete an mir an. Was mir heute ganz selten gelingt, eigentlich nur beim Radfahren. Teil der Landschaft werden.

»Werde Wiese«, würde Bruce Lee sagen.

## Johnny Appleseed

Manchmal genügt es, ein Leben lang an seine Arbeit zu glauben, ohne zu wissen, ob diese Mühe am Ende Früchte trägt.

Mitte der Neunzigerjahre lernte ich Steve Keene kennen. Ein Maler in New York, dessen Konzept es war, jeden Tag Dutzende Bilder zu malen. Steve Keenes Kunst war in allen Wohnungen meiner amerikanischen Freunde, in Kneipen, Plattenläden und studentischen Galerien der großen Colleges zu finden. Steve malte einfach jeden Tag, stoisch wie ein Pizzabäcker. Und jedes Bild richtig gemalt, schon seriell, aber nicht als Fließbandarbeit, eher Manufaktur, und er verkaufte sie für fünf Dollar das Bild. Es war keine große Kunst. Schnell und ökonomisch hingemalt, aber immer eindeutig als ein echter Steve Keene zu erkennen.

Sein Tag beginnt wie immer: Motivsuche. Ein Griff ins Bücherregal, heute gibt's Goya, why not. Ein Bild aus der Zeitung, Vulkanausbruch auf Island, ratsch, herausgerissen und an die meterlangen Staffeleien getackert. Los geht's mit dem seriellen Malen. Als Erstes die Hintergrundfarben, ein dicker Strich hellblau für den Himmel, ein brauner für den Boden, ein paar senkrechte als Grundform für die Figuren im Vordergrund.

Am Ende kamen ansehnliche Bilder heraus, die zwar sportlich hergestellt waren, aber den Kern des Motivs trafen. Steve bekam Ausstellungen überall in den USA, und so verteilten sich seine Bilder im Land – bis heute sicher ein paar Hunderttausend. Ich war von seiner Idee, handgemalte Bilder in Serie zu produzieren, begeistert. Jeder konnte sich jetzt Kunst leisten, zumindest ein gut gemaltes Bild. Ein amerikanischer Urgedanke: Demokratie, Verfügbarkeit, ein eigenes Business. Der Fotograf William Eggleston nannte sein Fotobuch über die Bilderwelten der USA nicht umsonst *The Democratic Forest*. Jeder Mensch ein Künstler – und jedes Bild eine Vorlage. Steve meinte am Ende, viele würden ihn als den Johnny Appleseed der Kunst bezeichnen, der die Menschheit mit Kunst versorgt statt mit Äpfeln.

Was trieb dann aber einen Johnny Appleseed zweihundert Jahre früher dazu, seine Tasche mit Apfelkernen vollzupacken und in die Welt hinauszugehen? Wollte er all die Abertausenden Siedler tatsächlich mit Obst versorgen? Das neue Land im Westen fruchtbar machen, indem er Apfelkerne pflanzte, kleine Baumschulen am Waldrand anlegte oder manchmal einfach auch nur aufs Geratewohl Apfelkerne in Hecken und Dickichte warf? Wollte er der Mann werden, der Amerika mit Apfelbäumen versorgte?

Aufgewachsen war er in engen Verhältnissen, in Leominster, Massachusetts, einer kleinen Siedlung an der amerikanischen Ostküste, zu einer Zeit, als es die meisten Menschen in Amerika westwärts drängte. Er lebte mit den Eltern und einem Dutzend Geschwistern in einem einfachen Holzhaus und verbrachte notgedrungen viel Zeit draußen in der Natur. Johnny pflegte die Apfelplantage auf der kleinen Farm seiner Familie und wurde ziemlich gut in dem, was er tat. So schmiedete er einen Plan, der seinen Wunsch nach mehr Freiraum und das Bedürfnis, sich den Lebensunterhalt selbst zu verdienen, miteinander verbinden sollte.

Die Apfelkerne sammelte er in seiner Heimatstadt aus den ausgepressten Resten der örtlichen Mosterei. Für ihn war der Trester, der bei der Kelterung von Apfelmost anfiel, wie ein Goldschatz.

Wenn in jedem Apfel zehn Kerne stecken, acht bis zehn Äpfel ein Kilo wiegen, macht das bei einer Tonne Äpfel fast hunderttausend Samen. Und es wurde damals viel Apfelwein produziert. Der musste weder wie Schnaps destilliert werden, noch machte er so viel Mühe wie das Kultivieren von Hopfen und Weintrauben. Apfelwein war das Getränk der Siedler in der Gründerzeit der Vereinigten Staaten. Gut möglich, dass die Gründerväter in Washington bei der Unterzeichnung der Unabhängigkeitserklärung mit Apfelwein anstießen.

John war ein Pionier und Visionär. Er hatte ein Gespür für die Routen der Siedler, ging ihnen voraus und pflanzte Tausende von Apfelsamen.

Johnny Appleseed – der Pionier der amerikanischen Apfelkultur

Von seiner Heimatstadt aus unternahm er immer größere Wanderungen gen Westen. Vom Nordosten der USA wanderte er mit seinem Apfelbeutel durch das ganze Gebiet des Ohio River Valley, das von den Great Lakes quer durch den Wilden Westen in Richtung Kentucky, West Virginia bis zum Mississippi reichte. Damals alles noch »Frontier«-Gebiet, sukzessive besetzt von Siedlern, die sich mit ihren Planwagen auf schlechten Wegen hierher wagten, um sich auf einem Stück Land niederzulassen.

Appleseed war nicht nur der gutgläubige Weltverbesserer und Ökopionier, sondern auch Geschäftsmann. Er reiste den großen Trecks immer weiter voraus nach Westen, tief hinein in Indianergebiet, und legte Baumschulen in der Wildnis an. Wenn die Siedler eintrafen und Land erwerben wollten, verkaufte er ihnen bereits entwickelte Apfelbaumsetzlinge, manchmal verschenkte er sie auch. Auf diese Weise konnten die Siedler sofort die staatlichen Auflagen erfüllen, die besagten, dass das in Besitz genommene Stück Land urbar gemacht und bewirtschaftet werden musste. Zu jener Zeit besaß er bis zu zwanzig Apfelbaumschulen, direkt vor den Siedlungsgebieten von Ohio bis Illinois, an sorgfältig ausgewählten Stellen und in sauberen Reihen. Die Äpfel selbst schmeckten furchtbar. Niemand aß sie. Aufgrund ihrer geringen Sortenstabilität brachten seine Apfelkerne fast nie essbare, schmackhafte Äpfel hervor, die Früchte mussten nur für eine Sache taugen – die Herstellung von hartem Apfelwein.

Die Legendenbildung um Johnny Appleseed und sein Image als verrückter Kauz wurde durch den Disneyfilm aus den Fünfzigerjahren weiter genährt. So zog er im Zeichentrickfilm nach dem Tod seiner Verlobten sein restliches Leben lang als Aussteiger und Missionar durchs Land, trug einen Kochtopf auf dem Kopf und hatte die Hosentaschen voller Apfelsamen. Dabei ging es nie um die Versorgung der Bevölkerung mit Vitaminen, sondern um »Booze«, Schnapsherstellung aus Äpfeln, die Sorte war egal.

In Washington machte man sich Sorgen darüber, wie viel Alkohol die Menschen tranken, und es kam zur Prohibition. Da die Regierung wusste, dass so gut wie jeder Apfelbaum im Land nur der Herstellung von Alkohol diente, ließ sie alle Obstgärten abholzen, die sie finden konnte, darunter auch fast alle, die durch Appleseeds Samen entstanden waren.

Heute rühmen sich gleich mehrere Farmer in den USA, den letzten originalen Appleseed-Apfelbaum ihr Eigen zu nennen – oder einen der letzten. Diverse Appleseed-Bäumchen werden online angeboten. Sogar mit Echtheitszertifikat und DNA-Nachweis. Angesichts der anarchischen Natur von Zufallssämlingen und Appleseeds eigenem Vorgehen ein guter Businesswitz. Eine letzte Ehrung seines Prinzips erfuhr Appleseed durch Apple. John Appleseed ist der Name, den man heute bei Apples Produktpräsentationen als Mustername zu lesen bekommt.

## Sommergewitter

Die Luft entlang der Alb ist schon seit Tagen unerträglich schwül. Das Klima so intensiv wie in einem Tropenhaus. Die Grillen zirpen, als spielten sie den Höhepunkt ihres Sommerkonzerts. Die Vögel sind in den Wald verschwunden. Unser Bach ist ausgetrocknet.

Ich bin viel mit dem Mountainbike unterwegs, nass geschwitzt trotz E-Motor, und die Luft riecht schon am Morgen nach Gewitter, die Atmosphäre ist aufgeladen und erregt. Im Wald beschließe ich, ohne T-Shirt zu fahren. Doing the nature thing. Die Luft kühlt und das ständige Kalt-Warm auf meiner Haut gefällt mir. Schwitzen und frieren gleichzeitig.

Vom Hohenstaufen aus sehe ich eine gewaltige Sturmwalze, die sich von Stuttgart aufs Albvorland schiebt. Die endlos lang gezogene Albkante wirkt von hier aus mächtig, und deutlich kann ich die geologischen Schichtungen sehen, die oberen zweihundert Meter reiner Karst. Kalkstein, durch den das Wasser nur so durchsickert, bis er auf die von unten sanft ansteigenden Hänge des braunen Jura trifft. Alles Mergel und Sandstein. In diesem schrägen Übergangsbereich sind die meisten Streuobstwiesen zu erkennen. Jörg Geiger sagt, dass er wenig Probleme mit Trockenheit hat, im Gegensatz zu den Obstwiesen unten in den Tälern. Dort kommt es seit ein paar Jahren gleich zu zwei klimatischen Problemen: Trockenheit, weil das Klima immer heißer wird, und Staunässe, weil bei starken Regenfällen die Böden mit Lehm zugeschmiert und von den schweren Landmaschinen verdichtet werden.

Zwischen Neckartal und Albkante –
das größte Anbaugebiet der Welt mit alten Apfel- und Birnensorten

So vorteilhaft die Hänge des Albvorlands für den Obstanbau sein mögen, so groß ist in den letzten Jahren die Gefahr von heftigen Gewittern geworden, die sich an der steilen Albkante entladen, wenn von Westen die warme feuchte Luft aus dem Neckartal auf die »einen Kittel kältere« Luft von der Alb trifft. Ich versuche, dem Gewitter davonzufahren. Von hinten schieben mich Windböen mit zerzauselten Blättern weg, wie um mich von der gleich stattfindenden Schlacht fernzuhalten. Schneller, als ich fahren kann, setzt die Dämmerung ein, Schotterstaub dreht sich pirouettenartig zehn, zwanzig Meter in die Luft, ein paar erste Regentropfen knallen mir ins Gesicht, als wollten sie die Landschaft ein wenig anfeuchten, um mich an den Duft von Sommerregen auf heißem Stein zu erinnern. Ein Geruch, den ich als Kind geliebt und in mich eingesogen habe, als wäre er essbar.

Dann Stille, kein Wind, keine Tropfen mehr. Die berühmten fünf Minuten vor dem ersten Blitz. Die Deadline der Natur für alle, um sich in Sicherheit zu bringen. Ich radle, was der Motor hergibt, und kurz darauf setzt alles auf einmal ein. Regenmassen, Windböen, Blitz und Donner. Wieder mal komme ich nass zu Hause an. Aus dem Fenster sehe ich, wie sich die Bäume biegen, grüne Blätter liegen auf der Straße, die Straßenlampen gehen an, die Dorfstraße wird zu einer Wasserfläche. Direkt gegenüber unserem Haus ist eine Obstbaumwiese mit hundertjährigen Hochstammbäumen. Dann kommt ein zusätzliches Geräusch hinzu, mehr Materie, viele starke Schläge, ein nicht endender Trommelwirbel auf unserem Dach. Hagel. Murmeln aus Eis hüpfen auf der Straße. In wenigen Minuten ist die Landschaft weiß, der Bach verstopft, und die ersten Bäume werden im Kugelhagel getroffen. Wie in einem gut gemachten Actionfilm zerfetzen sie die Blätter an den Bäumen in Zeitlupe. Äpfel in unterschiedlichen Reifegraden platzen beim Einschlagen der Hagelkörner auf, manche werden gleich komplett vom Baum geschossen. Ganze Äste werden geschüttelt oder brechen im Wind. Die Äpfel, die noch nicht direkt getroffen wurden, schüttelt der Wind vollends ab. Unser Bach entlang der Straße läuft über und ich muss raus, den Ablauf frei machen.

Am Abend, auf dem Sofa tief in einen schlechten Actionfilm versunken, kommt auf Instagram eine Nachricht von Jörg Geiger, wie er die

Hand ins Bild hält mit einem Hagelkorn so groß wie ein Vogelei. Und ich denke: Schlat has fallen.

Am nächsten Tag finde ich Jörg auf seiner unteren Obstwiese. Die komplette Verwüstung, mehr oder weniger alle Äpfel und Birnen sind beschädigt, die eine Hälfte liegt am Boden, die andere hängt noch. Die gerupften Bäume wie Hühner in der Mauser. Selbst das Gras liegt schlaff auf den Boden gedrückt. Jörg Geiger zupft einen Apfel vom Baum, er zeigt auf ein Einschlagloch, das mehr als ein Zentimeter tief ist, und meint: »Die werden nicht mehr reif werden. So tiefe Wunden kann der Baum nicht mehr selbst heilen.«

Mimi, Georgy und die anderen Mitarbeiter, die mit raus sind, um sich den Schaden anzuschauen, gehen betreten zwischen den Bäumen umher, den Blick suchend nach oben oder unten, als hätten sie etwas verloren und wüssten nicht mehr, was. Jörg Geigers langer nachdenklicher Blick in die Ferne, den ich schon kenne, wenn es bei ihm rattert. Dann die Ansage an seine Leute: »Dann ernten wir eben jetzt.«

Große Augen, außer bei Georgy. Der holt den Traktor samt Anhänger. Kisten und Körbe werden verteilt, es kommen noch die Azubis Ludmilla und Pascal. Mimi macht seiner beeindruckenden Körpergröße alle Ehre und schüttelt die Äste der Apfelbäume oder gleich den ganzen Baum »von Hand«. Meiner Einschätzung nach ist er nebenberuflich Wrestling-Star. Bis zum späten Nachmittag haben sie fünfundzwanzig Boskopbäume abgeerntet, das ergibt einen ganzen Anhänger voll kleiner, beschädigter grüner Äpfel. Zum ersten Mal bricht Jörg Geiger mit seinem Grundsatz, das Obst an seinem höchsten Reifegrad zu verarbeiten, stattdessen wird es in diesem Fall noch grün zu Saft verarbeitet, eine neue Cuvée aus Unfalläpfeln ausprobiert.

Am Abend lässt Jörg Geiger die Anlage anwerfen, in der die Äpfel gewaschen und zerstückelt werden, bevor sie in die italienische Zylinderpresse gepumpt, aber noch nicht gepresst werden.

Jörg hat sich von den Apparaturen, wie sie in den alten Obstkundebüchern beschrieben werden, einiges abgeschaut und nachgebaut. Aus dem hölzernen Pressbottich mit Baumreisig und Stroh wurde seine italienische Strumpfpresse aus Edelstahl. Ein menschengroßer fünf Meter langer Edelstahlzylinder, in dem weiße Stoffschläuche sitzen, die gefüllt mit Obstmaische von einer Hydraulik langsam auseinandergezogen werden. So wird das Fruchtfleisch schonend gepresst, und nur der Saft entweicht aus den kleinen Löchern in den Schläuchen.

Erst jetzt wird mir klar: Es ergibt nur dann Sinn, die alten Sorten zu erhalten, wenn auch heute jemand die alten Rezepte versteht. Nur dann kann ein Jörg Geiger die Eigenschaften dieser Früchte bestmöglich nutzen.

Die Presse hat nichts mehr mit mittelalterlichen Alchimisten-Bottichen zu tun, sondern sieht eher aus wie ein Teilchenbeschleuniger. In der riesigen Edelstahlröhre hängen die Schläuche und werden von Kellermeister Mimi befüllt. Mit einem cleanen technischen Geräusch ziehen sich die Schläuche auseinander, wie bei einem Expander, ganz langsam, als würden hier Hightech-Strümpfe auf ihre Dehnbarkeit getestet. Erst wenn der Expander die Schläuche auf die kompletten fünf Meter auseinandergezogen hat, stoppt er.

Er bestimmt mit einer Art Taschenrechner mit Gummischlauch unten dran den Zuckergehalt, gemessen in Grad Oechsle. Der Wert gibt an, was ein Winzer oder Obstbauer von der diesjährigen Ernte erwarten kann. Quasi die Börsenwerte des Obstbauern. »Achtundvierzig Oechsle. Saugut.« Für Jörg Geiger ist der Zuckergehalt seiner Getränke gar nicht so wichtig. Hat er doch entdeckt, dass dem Geschmack der alkoholfreien eher die Säure und die Gerbstoffe zugutekommen. Dennoch ist er zufrieden, sagen die Oechsle doch auch aus, wie gut sich die Früchte entwickelt haben. Dank saisonaler Zutaten, viel Handarbeit und dem wiederentdeckten Wissen um verloren gegangene Verarbeitungsmethoden. Aus dem Ablaufstutzen entnimmt Jörg Geiger ein Glas voll zum Probieren. Bei den ersten Tropfen des grünen Safts verzieht er das Gesicht. Dann murmelt er nur ein Wort: Eichenlaub. Und nickt.

Er schickt Georgy los, um frisches Eichenlaub zu holen. In seinem vorigen Prisecco, der No. 10, hatte er bei den weichteigigen, süßen Birnen schon mal mit Eichenlaub gespielt. Er wusste aus einem dreihundert Jahre alten Buch, dass ein Mönch beim Pressen von matschigen Birnen gute Erfahrungen mit frischen Eichenzweigen gemacht hatte. Jörg fand heraus, dass Zweige und Blätter, wenn man sie dünstet, den Most auch geschmacklich verändern, ihn herb, aber elegant machen.

Mimi an der italienischen Strumpfpresse

Georgy kommt mit einem Arm voll Eichenzweigen zurück. Im Dampfgarer in der Gasthausküche lässt Jörg Geiger die ledrigen Blätter und Zweige dämpfen. »Das hat geschmacklich einen ähnlichen Effekt wie beim Rotwein oder beim Whisky, wenn sie in Eichenfässern gelagert werden«, meint er. Die geschredderten Eichenblätter gibt er in die Maische hinein, wo sie ein paar Stunden einwirken können. In der Zwischenzeit ist Jörg Geiger im Gewürzeraum zugange und bringt ein großes Glas mit obskuren mehrfarbigen Gewürzschichten mit.

Bis zum Abend wird die Maische im Tank mit den Gewürzen gemischt. Innerhalb von einem halben Tag muss das Getränk in Flaschen abgefüllt werden, sonst fängt es an zu gären.

Zusammen mit Martin, seinem Kellermeister, feilt er noch bis in die Nacht an der Rezeptur. Am nächsten Tag komme ich wieder und Jörg Geiger lässt mich probieren.

Der Cocktail ist nicht gerade gefällig. Er schmeckt eher wie einer, der schon paar Schicksalsschläge erlebt hat und den auch nichts mehr umhaut. Vielleicht interpretiere ich als Beteiligter zu viel hinein. Satter Apfelgeschmack mit fein zitroniger Säure. Und die Holztannine des Eichenlaubs sind ins Getränk übergegangen. Weg von der Süße, hin zu mehr Herbe und Säure. Der neue Prisecco trinkt sich wie ein guter Actionfilm.

Aber die Geschichte geht weiter: Jörg Geiger hat noch am Tag des Unwetters einen Aufruf an die anderen Wiesenobstbesitzer gestartet. Die Mosterei sei ab sofort geöffnet und nehme ausdrücklich unreifes, beschädigtes Obst an. Im Tal verbreitete sich schnell die Kunde. Die Mostpresse lief einige Tage lang und eine respektable Menge wurde abgefüllt. Es dauerte dann noch, bis ein neues Etikett gedruckt war, und im Herbst gab es ihn zu kaufen: den Prisecco No. 11 – Unreifer Apfel und Eichenlaub.

## Alchimie

War Jörg Geiger bis jetzt für mich ein innovativer Obstbauer, der die Früchte und Kräuter seiner Landschaft gut kennt, wird er durch seine Erfahrung als Koch zum Alchimisten. Er führt mich in den Gewürzeraum, eine Art Schatzkammer für die Nase. Hier lagern in Papiersäcken und großen weißen Dosen mehr als zweihundert verschiedene Gewürze. Ab hier, habe ich das Gefühl, kann ihm niemand mehr folgen. Viele Getränkeentwickler haben schon probiert, neue Edelgetränke oder alkoholfreie Weine herzustellen. Manch einer hat die Messlatte höher gelegt und seine Produkte verbessert, aber Jörg Geiger betreibt hier eine eigene Sportart.

Es sind die Gewürze, mit denen er in die bisher zusammengemischten Saftkombinationen aus Hydrolatauszügen, Kräutern und Blüten eine weitere Geschmacksebene hineinzaubert.

Jörg öffnet Dosen und lässt mich riechen. »Ganz klar, ich nehme fast immer Ingwer und Chili, weil die beiden das leicht kratzige Gefühl im Hals machen, wie wir es von Alkohol kennen.« Zusammen mit Martin, der ebenfalls Koch gelernt hat, geht er nach dem Zwei-Nasen-Prinzip vor. Das Wissen um diese Versuche, die Angaben zu Ingredienzen und Mengen sind alle in seinem goldenen Buch notiert. Aus den jahrelangen Erfahrungen hat sich für jedes Getränk eine Rezeptur entwickelt, aber die lässt sich nicht blindlings bei jeder Charge anwenden, weil die Grundzutaten eben auch jedes Jahr unterschiedlich schmecken. Hat eine Apfelsorte von vornherein sehr viel Säure, muss mit bestimmten Gewürzen sparsamer umgegangen werden, und wenn die Birnen nicht genügend Gerbsäure haben, hilft etwas mehr Wermut.

Jetzt kommen Stoffe und Pülverchen ins Spiel, oft in so kleinen Mengen, dass man nicht glauben mag, sie könnten in einem Zehntausend-Liter-Tank eine Auswirkung haben. Koriander, Sternanis, Muskatblüte, Kurkuma, Vanille, allein vierzig verschiedene Pfefferarten, von den ich die meisten Namen noch nie gehört habe. Seien es Tasmanischer Pfeffer, Andaliman-Pfeffer, Voatsiperifery-Pfeffer oder Kubebenpfeffer. Mal fünfzig Gramm von diesem, mal zwanzig Gramm von jenem. Am Ende ist vielleicht ein eimergroßes Glas voll mit einem Dutzend Gewürzen. Auf zehntausend Flaschen verteilt wirkt es auf mich wie Homöopathie.

Den Kern des Geschmacks bilden die alten Birnen- und Apfelsorten. In diesen Früchten stecken komplexe Geschmacksteilchen. Jörg Geiger meint: »Wir sprechen immer von einem sauren Apfel, dabei gibt es unterschiedlichste Arten von Säure, mal strenge, scharfe Säure, mal derb-erdige oder dann wieder vollmundige fast wie bei einer Tomate. Genauso bei den Birnen. Meine Birnen haben alle ordentlich Gerbsäure, aber bei der Grünen Jagdbirne sind es eben eher grüne adstringierende Noten, wie Unreife, das kippt schon ins Bittere. Dann bei der Champagner Bratbirne, wenn sie schon durchgeschwitzt ist, haben wir Gerbstoffe, die an Briochenoten erinnern, an süßlich, hefig. Jede Sorte schmeckt anders im direkten Vergleich. Hinzu kommt das Terroir, also auf welchem Untergrund die Bäume stehen.« Es gebe Leute, sagt Jörg, die einen Unterschied herausschmecken, ob es sich um einen Baum von der Alb oder vom Neckartal handelt. »Die Bäume haben sich anders entwickelt und holen andere Stoffe wie Mineralien und Mikronährstoffe aus dem Boden. Sie bilden auch unterschiedliche Geflechte zwischen ihren Wurzeln und Pilzen. Viele dieser Bäume sind aus Zufallssämlingen entstanden, die nicht mal einen Namen haben.«

Jörg Geiger versucht also, aus diesem geschmacklich anarchischen Basissud die grundsätzlichen Geschmacksrichtungen herauszuschmecken, und veredelt diese dann mit Kräutern und Gewürzen zu einem runden und komplexen Getränk. »Die alten Sorten sind's, die die Basis bilden, aber die Gewürze sind es auch, die meinen Getränken Finesse, Geheimnis, das Besondere bringen.«

## Wie schmeckt Stein?

Es erschien mir mit der Zeit immer selbstverständlicher, auch bei schlechtem Wetter Rad zu fahren. Mehr als nass werden konnte ich nicht, und ich kam langsam auf den Geschmack, die Landschaft auch bei schlechtem Wetter zu entdecken. Zu meinen stärksten Erlebnissen gehörten die Fahrten im Sommer, auf regenfeuchten Straßen und Feldwegen, die der Regen warm duftend hinterlassen hatte. Es roch tatsächlich nach Stein, was mich direkt in meine Kindheit zurückversetzte, wenn mir der muffige Dunst von Erde oder Asphalt in die Nase stieg. Heute erinnert es mich an Reisen in den Süden, wenn ich aus dem Flugzeug stieg und mir beim ersten Atemzug fast die Luft wegblieb. Ich denke an Südfrankreich im Sommer oder an das tropische Klima in Afrika. Die Erde riecht nach etwas.

Über den nassen Asphalt fahre ich durch den kurzen Sommerregen auf meinem Mountainbike nach Schlat.

An der Destille im ehemaligen Futtergang des alten Gasthofs hievt Mimi, der Zweimeter-Quarterback und Kellermeister mit der feinen Nase, zwei Säcke mit grauem Pulver auf den Arbeitstisch. Jörg Geiger will herausfinden, wie Stein als Flüssigkeit schmeckt, und hat dafür einen Sack Schiefer aus Thüringen bestellt und einen von der Mosel. Die beiden stehen vor der Destille und hängen abwechselnd ihre Nase in die Pulversäcke. »Das riecht aber gut.« Mimi schaut auf dem Chargen-Etikett nach: »Das ist Thüringer.« »Der riecht eher ein bissle nach Gips, oder?« Mimi riecht mit und nimmt sich eine Hand voll heraus. »Auf jeden Fall mineralisch, aber erinnert mich an Hausrenovierung.« »Jetzt müssen wir mal schauen, ob wir das schmeckbar kriegen.« »Und der andere von der Mosel, riecht eher nach … Kreide?« »Ja, muffiger, gar nicht so mineralisch.«

Die beiden stehen sich mit gepuderter Nase gegenüber. Das Ganze sieht aus wie ein experimentelles Theaterstück. Zwei Typen, die versuchen, Steine zu kochen.

Normalerweise wird in einer Destille Alkohol destilliert, also Schnaps gemacht. Jörg Geiger hat die riesige Kupferapparatur aber umgenutzt für seine Hydrolate – Flüssigkeiten, die nicht über Alkohol, sondern über Wasserverdampfung gewonnen werden. Jede Frucht schmeckt in unterschiedlichen Wärmezuständen anders. Eine Zwetschge schmeckt zu Beginn der Destillation ölig, ranzig, später eher bitter, zwischen Vorlauf und Nachlauf entfaltet sie ihre besten Geschmacksnoten. So wie beim

Die wichtigste Schnittstelle zwischen Baum und Boden – das Mykhorriza-Pilzgeflecht

Schnapsbrennen kann man auch bei der Hydrolyse die unerwünschten Geschmacksebenen abscheiden und dadurch den gewünschten Geschmack extrahieren. Und weil man theoretisch mit dieser Methode aus allen Stoffen den ihr innewohnenden Geschmack herauskitzeln kann, hat Jörg Geiger mit seiner Destille schon die verschiedensten Geschmacksnoten aus Pflanzen, Blüten und Kräutern in flüssige Form gebannt. Heute aber soll im Teilchenbeschleuniger ein Experiment gewagt werden.

Alle sprechen vom Terroir. Bei jedem Bordeauxwein beziehen sich die Kenner auf die Lage und behaupten, den Kalkhang oder die Vegetation in der Nähe herauszuschmecken. Und in der Tat ist das Terroir für den Geschmack eines Weins sehr wichtig.

Jörg Geiger und Mimi wollen herausfinden, ob es möglich ist, die Mineralität eines Gesteins zu destillieren. Der Grundgedanke ist weder, das Terroir eines Bordeaux nachzuahmen, noch den Geruch eines sommerlichen Regengusses einzufangen. Mich beschleicht kurz die Frage, wohin Jörg Geigers Forschergeist wohl noch führen wird. Wie bei der Hauptfigur in dem Roman *Das Parfum*, die am Ende versucht, die Essenzen der ganzen Welt geruchlich einzufangen. Ein verrückt gewordener Obstbauer, der in seinem Labor versucht, eine ganze Landschaft zu destillieren. Ich merke, wie es ihn reizt, über die bestehenden Grenzen des Denkens hinauszugehen. Ohne Experiment kein Fortschritt.

Die Schieferbrühe von der Mosel im Sudbecken hat angefangen zu kochen, die Dampfschwaden steigen nach oben durch das Steigrohr und kondensieren am Gestänge des Kühlers. Mit verschiedenen Klappen können Mimi und Jörg Geiger diesen Dampf lenken. Da es für Steindestillation keine Erfahrungswerte gibt, spielen sie an der Temperatur und probieren ständig das aus dem Hahn tröpfelnde Wasser. Die ersten Tropfen schmecken noch nach nichts, riechen leicht nach Kreide, etwas später wird das Destillat intensiver. Mimi meint, »wie Mineralwasser«. »Trinken kann man's.« Jörg Geiger ist nicht unzufrieden. Mimi verändert am Display der Destille ein paar Werte – wieder probieren. Irgendwann wird es zu stechend, ist kein Geschmack mehr nachvollziehbar. Sie merken sich den vorigen Auszug und beschriften das Glas.

Beim Thüringer Schiefer wird's dunkler, öliger, fühlt sich die Zunge fast wie mit Gipskeuper konfrontiert an. Jörg lässt mich probieren, und ich muss an die üblichen Werbesprüche von Fremdenverkehrsverbänden denken wie: »So schmeckt Thüringen.«

Auf dem Tisch wachsen bis zum Abend zwei Versuchsreihen von Gläsern heran. Am Ende sind sich die beiden einig: Mosel ist wie Mineralwasser und Thüringen ist echt brutal!

Die Destillate wandern ins Geschmacksarchiv. Was er mit ihnen eines Tages macht, weiß Jörg Geiger selber noch nicht. »Das musst du jetzt im Kopf abspeichern und eine Weile wirken lassen, und wenn wir dann neue Mischungen machen, dann hast du auch den Duft wieder abrufbar«, meint der alte Sammler und Jäger.

## Aus Boden wird Terroir

Jedes Jahr lässt Jörg Geiger Bodenanalysen seiner Streuobstwiesen machen und erfährt dadurch, wie es dem Boden geht. Dementsprechend kann er mit Pflanzenstärkung, Blühstreifen und Gründüngung auf die Bäume einwirken. Für den erfahrenen Obstbauern kommt der Geschmack dieser alten Sorten letztendlich nicht aus der Pflanze selbst, sondern von einem gesunden Mikrobiom im Boden.

Wir fahren von Wiese zu Wiese und nehmen Bodenproben. In einer Gemüsekiste sammelt Jörg die verschiedenfarbigen Erdklümpchen in Plastikbeuteln. Mit dem Spaten gräbt er dreißig Zentimeter tief und nimmt eine Handvoll Erde heraus. Die mischt er mit Erde von vier, fünf anderen Stellen auf der Wiese und füllt sie in einen Plastikbeutel. Er zerkrümelt die Erde zwischen seinen Fingern und riecht daran. »Gute Erde muss nach Karotte riechen. Riech mal.« Riecht wie Erde mit Wurzelgemüse, leicht kompostartig. Sie krümelt gut, ist dennoch nicht staubtrocken, aber auch nicht schmierig.

»Das Bodengefüge auf unseren Obstwiesen hat sich spürbar verbessert. Unser Boden riecht nach einem Mix aus Karotte und Waldboden.« Jörg Geiger hat eine Handvoll zu einem Klumpen zusammengedrückt und zerbröselt ihn wieder zu feinkrümeligen runden Körnchen. »Das ist ein Boden, der kann Wasser aufnehmen und für die Pflanzen speichern, mit genügend Luft für Mikroorganismen und Sauerstoff.« Er taucht mit beiden Händen in die Erde und hebt sie dicht vor sein Gesicht, als ob er sich waschen will. »So muss Boden sein.«

Jörg Geiger zeigt mir ein Nest mit Birnblattsaugern, drei Millimeter kleine Krabbeltierchen, die zusammengedrängt an einem Blattstiel sitzen. Ein klassischer Schädling im Obstbau. »Ich nenne ihn den Aufräumer, weil er eigentlich keine gesunden Bäume angreift, sondern kranke Pflanzen erkennt, ihren Saft aussaugt und sie früher oder später niedermacht, wodurch mehr Platz und Nahrung für andere bleibt.«

Krank aus Sicht des Blattflohs sind also Pflanzen, die sich nicht mittels Mikronährstoffen aus dem Boden selbst schützen können. Das ist der Grund, weshalb die alten Apfel- und Birnbäume erst mal zwanzig Jahre ins Wachstum und in die Vernetzung mit dem Bodenmikrobiom investieren, um dafür volle Fruchterträge mit vielen gesunden Inhaltsstoffen in der nächsten Menschengeneration zu liefern. Der Baum kann sich nachhaltig gesund erhalten und gesunde Früchte voller Mikronährstoffe, Vitamine und Spurenelemente erzeugen. Diese Antioxidantien sind es am Ende, die den Spruch vom »apple a day« begründen. Was mich noch mehr überzeugt als die Inhalte aus der Biologiestunde, das ist Jörgs innere Haltung: Er pflegt so eine enge Beziehung zu seinen Bäumen, richtiggehend empathisch, was ihn mittlerweile intuitiv die richtigen Entscheidungen treffen lässt.

Jörg Geiger kniet vor einem seiner alten Birnbäume und gräbt mit der Schaufel etwas Boden locker. Ein dichtes, weitverzweigtes weißes Pilzgeflecht wird sichtbar, das Mykhorriza, das keinen Anfang und kein Ende zu haben scheint. Kleinstinsekten an der Grenze zum Sichtbaren krabbeln in dieser Handvoll Erde herum, zerlegen das letzte Laub vom Vorjahr, Bakterien wandeln es in Anorganisches um, Würmer massieren den Boden locker. Ein großes Zusammenspiel, wenn man es in Ruhe lässt. Dann entdecken wir eine Stelle, an der dünne schwarze Haarwurzeln des Baums mit dem weißen Pilzgeflecht ineinander verschlungen sind. Wir sehen Knöllchen an den Übergängen zwischen Baumwurzeln und Pilzgeflecht, an denen die beiden Welten ihre Stoffe austauschen. Magische Energieportale, wie sie in meinen schlechten Fantasyserien vorkommen.

Wie Jörg so vor diesem Erdloch kniet und in seine Hände starrt, entsteht auch ein fast magischer Moment, nicht nur wegen der Geste des Kniens, sondern in der Hinwendung, im nahen Betrachten. Das ist Gesamtschau. Das ist eben nicht nur die Tradition, Most zu trinken und auf eine fette Ernte zu hoffen, sondern das ist die konkrete Verehrung von Mutter Erde, von dünnen weißen Fäden, die zwischen Erdklümpchen sich verzweigen, an Wurzeln andocken und als Mittler zwischen Baum und Erde fungieren. »Wer gutes Wiesenobst haben möchte, muss in den Boden schauen«, sagt Jörg. »In regenerativen Systemen mit einem gesunden Boden wird der Einsatz von Pestiziden komplett überflüssig.« Und ich denke gerade an den degenerierten Maisacker und wie Jörgs Satz eines Tages für all unser Wirtschaften mit Land gelten könnte.

Jörg Geiger hat sich viel mit neuen Methoden zur Bodenbearbeitung beschäftigt. Sie zielen darauf ab, dass der Boden sich selbst regenerieren kann und Dünger sogar komplett verzichtbar wird. »Es ist möglich, Pflanzen anzubauen, die ein so robustes Immunsystem haben, dass sie weder Krankheiten bekommen, noch von Insekten attackiert werden. Solche Pflanzen können ihre Abwehrkräfte an die Menschen weitergeben«, zitiert Jörg Geiger John Kempf, einen amerikanischen Bodenpionier. Kempfs Ansicht nach enthält Obst und Gemüse, das dazu angebaut wurde, möglichst hohe Erträge zu erreichen, so wenige Mikronährstoffe, dass diese Produkte es nicht einmal mehr wert sind, gegessen zu werden. Sie ernähren uns nicht.

Weil wie in einem Rhizom alles mit allem verbunden ist, rattern auf dem Heimweg meine Gedanken zu Jörgs Statements weiter und weiter, und ich komme vom geduldeten alten schwäbischen Apfelbaum hin zur globalisierten Agrarindustrie. Ich fahre an Maisackern vorbei, von denen es jedes Jahr mehr gibt, und sehe Bauern in der Arbeitsfalle. Das Gefühl für die Verbundenheit mit dem großen Ganzen droht verloren zu gehen.

Je schneller ich fahre, umso mehr kocht bei mir eine Wut auf. Plötzlich sehe ich auch, wie alles im Negativen miteinander verbunden ist. Ich passiere das Neubaugebiet, in dem nur noch der Name an die Kirschbäume erinnert, die hier bis vor Kurzem standen, während ein Stück weiter an traurigen Ausgleichsflächen am Kreisverkehr auflagenkonform ein paar

Obstbäume vor sich hin kümmern, die jetzt schon niemand mehr pflegt. Ich sehe den Bauern vom »alten Schlag«, der eigentlich schon in Rente ist, im Regen auf seinem Acker schuften; er könnte besser heute als morgen aufhören und hat stattdessen, um den gesunkenen Milchpreis auszugleichen, zwei Milchkühe dazugekauft.

Ich spüre einerseits eine Entfremdung von der Natur und andererseits deren romantisierende Verklärung. Ich kenne meine eigenen Scheinargumente beim Einsteigen in den Flieger und bekomme WhatsApp-Nachrichten von Freunden, die sich selbst inszenieren in idyllischer Umgebung. Gleichzeitig sehe ich die alten Baumriesen, Überbleibsel einer verlorenen Welt, die zeigen, wo es weitergehen kann. Ihre Eigentümer haben den Wert dieser Obstbäume vergessen und dulden sie so lange, bis ein Anfall von Aufräumen sie überkommt. Dabei verlieren jedoch die Menschen selbst ihr Terroir. Sie starren hinaus auf die nun kahlen Felder, ohne zu wissen, was ihnen eigentlich fehlt. Die Schönheit der Landschaft, deren Formen Teil ihrer Identität sind. Äcker, Wiesen, Bäume, Wald. Ein schiefer Solitär auf einer Streuobstwiese. Gebüsch, eine kleine Wildnis, ein Blühstreifen und steile Böschungen an der Albkante. Alles ökologische Maugennester, wie man auf Schwäbisch zu Ecken mit liegen gebliebenen Dingen sagt. Aber gerade die brauchen wir. Geschmack kommt aus dem Boden.

## Foodpairing

Jörg Geiger hat zum Druidentreffen gerufen und alle sind gekommen. Was für Geschmackserlebnisse in den alten heimischen Sorten stecken, hat sich bei den jungen Meisterköchinnen und -köchen herumgesprochen. Alkoholfreie Getränke zum Menü sind in der Edelgastronomie gerade en vogue. Jörg hat unter befreundeten Mitarbeitenden von Restaurants, die seine Priseccos anbieten, einen Contest ausgerufen, um mit ihnen Essen und Trinken neu zu kombinieren.

Für gewöhnlich denkt man bei feinem Essen an Wein als Essensbegleiter und die Sommelière oder der Sommelier sucht das passende

Neubaugebiet mit dekorativen Landschaftselementen

Getränk zum Essen aus. Dieses Mal ist die Reihenfolge andersrum: Die Priseccos geben den Ton an und das Spitzenpersonal muss sich neue Gerichte dazu einfallen lassen, am besten mit Zutaten aus ihrer Region.

»Beim Menü kann ich natürlich viel über die Optik arbeiten, die Optik ist es, die uns als visuell orientierte Wesen immer lenkt und leitet, aber hier geht es um diesen Ursinn, diesen ersten Sinn, denen wir schon im Bauch der Mutter bekommen. Wir können noch nicht sehen und nicht hören, aber schmecken. Das will ich heute im Dialog mit denen entdecken, die heute Vordenker sind. Ich will, dass wir Menschen wieder geschmacklich orientierte Wesen werden.«

Das Lamm füllt sich langsam mit Küchenstars aus ganz Deutschland, Gastrokritikerinnen, distinguiert und auf ihre Außenwirkung bedacht, und Macher, hemdsärmelig, unprätentiös, die einfach Lust haben am experimentellen Kochen. Peter, der »Weingutsbesetzer«, weil er kein eigenes Restaurant betreibt, sondern in Österreich als Wanderkoch von Weingut zu Weingut zieht. Pascal und Florence aus Berlin, eine aufmerksame junge Frau und ein zarter tätowierter Junge mit Dreadlocks und Hipsterhoodie, dem man die paramilitärische Disziplin eines Zweisternerestaurants nicht zutraut, oder Pia und Lina, zwei Frauen aus dem Ruhrpott, mit ehrlicher Sprache und Tatkraft. Später erfahre ich, dass dies wirklich die neuen Jungstars sind, die Souschefinnen und -chefs, die in den Küchen der großen Sternerestaurants am Geschmack der Zukunft tüfteln. Man spürt ihre Leidenschaft, Rohware so zu bearbeiten, dass noch nie Dagewesenes daraus entsteht, was zu Jörg Geigers Getränken passt, oder den Geschmack der alten Sorten aufzugreifen, ihn zu ergänzen und neue Geschmackskombinationen auszuprobieren.

Auf dem Herd braten Pia und Lina Taubenbrüstchen an und schneiden Äpfel und Birnen in Scheiben. Aus den Taubenherzen und Lebern macht Pia eine Mayo, die mit den kandierten Apfel- und Birnenscheiben kombiniert werden. Die Tauben erinnern mich an einen Dokumentarfilm, in dem es darum ging, dass Brieftaubenzüchten ein beliebter Sport der einfachen Bergleute im Ruhrpott war. Und dass sie wohl dort auch noch gern gegessen werden. Lina gibt mit dem Flammenwerfer etwas Oberhitze auf die Brieftauben. Alle stehen sich in der Küche des Gasthofs auf den Füßen herum. Peter mag's herzhaft und schneidet einen

Kürbis aus der Steiermark klein. Die Berliner legen Steine als Deko in Schalen, darauf ein »Rote-Bete-Bonbon«. Was Rote Bete mit Berlin zu tun hat, weiß ich nicht. Das tätowierte Berliner Clubkid erklärt mir: »Wir haben die Beten mehrere Stunden auf Salz gebacken, geschält, geräuchert und getrocknet. Danach in Johannisbeersaft und Kalbjus eingelegt, wieder rehydriert über Nacht, nochmals getrocknet und zum Schluss mit einem leichten Molkechili überzogen.« Voila! Ein kleiner geleeartiger Drops, der auch schwarze Materie sein könnte und so intensiv schmeckt, als könnte er ganze Planetensysteme verschlingen. »Obendrauf ein paar Kräuterblättchen von Anis, Ysop, Bronzefenchel, was die Bete schön aufgreift und gut zum Prisecco No. 10 passt.«

Pia und Lina servieren den nächsten Gang: Taubenbrust an Herz-Leber-Mayo auf kandierten Scheiben von Champagner Bratbirne und Hauxapfel. Dazu wird die Champagner Bratbirne alkoholfrei getrunken. Alle sind sich einig, dass die Fruchtsäure des Mostobsts hervorragend zur fettigen Taubenherzmayo passt.

Dazu gibt es Jörg Geigers »Inspiration 4.0«, Kirsche – Paprika – Rote Bete. Als Gewürze Mädesüß, Wacholder und gedünstetes Eichenlaub. Für mich ist es, als würde ich Essen trinken. Kirschsaft, süß, deutliche Fruchtsäure, dazu Paprika, bitter, rauchig, und dazu die Rote Bete, erdig, muffig. Alle drei einzeln schon Geschmacksbomben, dazu noch Eiche und Wacholder, ich muss an Wald und Wild denken. Es ist experimentell, vielleicht ein bisschen so wie ein Gericht aus einer völlig anderen Esskultur, Afrikanisch, oder wie Yak-Tee.

Peter ist begeistert: »In der Kombination sucht sich das Gericht alle Komponenten von Jorgs Prisecco raus, die frischen Komponenten, die Säure, die Kohlensäure, das alles arbeitet miteinander.« Die meisten stimmen ihm zu, dass das Foodpairing zwischen Menü und Getränk gut harmoniert.

Zwischen all dem Gewusel, ganz hinten zwischen Kühlraum und Scheune, sehe ich die alte Frau Geiger gedankenverloren mit einer Schüssel in der Hand umherschleichen. Vielleicht hat sie wieder ein paar alte Äpfel oder Birnen herumstehen sehen, die es zu verschaffen gilt. Als wir vor Jahren für eine Doku über einen längeren Zeitraum im Gasthof gedreht hatten, stand jeden Tag ein Apfel- oder Birnenkuchen auf dem Tisch,

Gewürze wie Ingwer, Macis, Pfeffer, Chili oder Schabzigerklee
für einen neuen Prisecco

den Frau Geiger mit einer Selbstverständlichkeit einfach so gebacken hatte, zwischen zig anderen Arbeiten und weil das Obst um sie herum eh da war. Ich stelle mir gerade vor, wie sie mit ihrem frischen ehrlichen Apfelkuchen, den sie wahrscheinlich seit vierzig Jahren gleich macht, am Obst-Koch-Contest mitmachen würde.

Jörg Geiger hat seit Kurzem den Tagesbetrieb seines Restaurants eingestellt und sich auf Themenabende spezialisiert, bei denen es um Foodpairing geht. Jedes Mal kocht ein Küchenchef oder eine Küchenchefin Gerichte, die zu den Wiesenobstgetränken passen. Heute kredenzt Jörg den Gästen sein neues Menü: Alblinsen und geräucherte Forelle aus dem Schwarzwald, vierundzwanzig Stunden lang niedrig gegarter Bauch vom Schwäbisch-Hällischen Eichelschwein mit in Most gekochtem Sauerkraut und als Dessert Birnensorbet. Dazu eine Auswahl seiner Getränke, die im Sinne des Foodpairings mit den Speisen korrespondieren. Dabei muss es nicht immer passend sein im Sinn von Harmonie. Gerade der geschmackliche Kontrast zwischen zwei Aromen wirkt spannend im Mund.

Peter, der Kochrebell, meint: »Früher ist man in der Küche davon ausgegangen, je mehr gemeinsame Aromakomponenten unterschiedliche Lebensmittel aufweisen, umso besser passen sie zusammen.«

Florence erzählt, sie habe die Erfahrung gemacht, dass die Menschen in Europa traditionell eher Aromen mögen, die miteinander harmonieren, wie sauer und fettig, während die asiatische Küche traditionell mit Kontrasten arbeitet, wie süß-sauer.

Pia wirft in die Runde, welche Geschmacksrichtungen denn überhaupt zusammenpassen. »Was passiert im Mund?« Pia bemerkt ihre etwas workshopleitermäßige Frage und entschuldigt sich. Die Dame vom Foodblog: »Scharfe, süß und sauer, salzig, fettig, umami.« Der Berliner Kochboy etwas zaghaft: »Bitter?« Wird allseits abgenickt, Jörg: »Was ist mit Tanninen, also Gerbstoffen?« Florence: »Mineralität.« Pia wiederholt: »Und welche Komponenten passen jetzt zueinander?«

Jörg Geiger erzählt den Kolleginnen und Kollegen von seinen Erfahrungen mit alten Apfel- und Birnensorten. Wie können durch Foodpairing noch ungeahnte Geschmackskombinationen herausgekitzelt werden, die vielleicht erst mit einer kontrastierenden Kombination zur Geltung kommen? Er möchte, dass die Köchinnen und Sommeliers sich mit den unterschiedlichen Aromen der einzelnen Sorten auseinandersetzen.

Peter beißt in einen Apfel und verzieht das Gesicht wie in einer Comic-Verfilmung. Ich denke mir, das sind jetzt die Phenole, die gegen alle Arten von Fressfeinden gut wirken. Er verlangt augenblicklich nach Salz und streut eine Prise davon in seinen sauer verzogenen Mund. »Der Tequila-Effekt!« Interessiertes Murmeln in der Gruppe. »So entsteht Umami. Salz und Säure – deswegen schmeckt der Tequila so gut.« Laszlo beißt in eine Grüne Jagdbirne, das herbste, was schwäbische Obstwiesen zu bieten haben, er verzieht ebenfalls das Gesicht und schmatzt. »Mein Mund ist taub, ich kann nix mehr spüren.« Ich erwische Jörg bei einem wissenden Lächeln. »Das sind die Gerbstoffe, das geht in drei Minuten weg.« Er reicht Laszlo den Parmesan. Das Eiweiß, das in dem Hartkäse enthalten ist, bildet ein gutes Gegenaroma zu den Gerbstoffen der Jagdbirne. Was ist mit Säure gegen das Bittere der Birne? Florence erbarmt sich und nimmt zum Biss in die Birne einen Löffel Essig. »Hilft. Aber als eigenständiges Gericht reicht das noch nicht.« »Wieso nicht? Essigbirne, so wie Essiggurke.« »Schwäbische Essigbirnen, das Pendant zur Spreewälder Essiggurke.« Im Gegensatz dazu passt zu den Bitterstoffen der Birne kein Fett. Auch Birne und ein Schluck Sahne bleiben zwei verschiedene Geschmacksbereiche im Mund. Ebenso bringt Schärfe keine Bereicherung. Auch Mineralität mittels eines starken Mineralwassers führt zu keinem Erkenntnisgewinn.

Ein langer Tag mit vielen Testreihen ist noch lange nicht zu Ende. Ich lasse mich auf die Couch fallen und ruhe mich im Nebenzimmer der alten Wirtschaft etwas aus. Jetzt würde ich gern gemütlich einen Science-Fiction-Film anschauen. Das war viel Foodtalk für einen Tag. Als wollte mich das ganze Druidentreffen in die nächste Dimension von Geschmack beamen. Je länger ich über Geschmack nachdenke, umso weniger weiß ich, was das jetzt mit den Streuobstwiesen zu tun haben soll.

Es ist, als würden sich die Geschmacksmöglichkeiten des Wiesenobsts immer weiter potenzieren. Wie viele verschiedene Kombinationen sind möglich? Ich rutsche wieder in meine Rechenschleife und will eine Vorstellung davon bekommen, wie viele Geschmacksvarianten Jörg Geiger theoretisch herstellen könnte, bei ungefähr vierzig verschiedenen

Apfel- und Birnensorten als Grundzutat, dazu die circa hundert verschiedenen Kräuter und Blüten und die ziemlich genau zweihundert Gewürze in seiner Schatzkammer. Aber statt dies auszurechnen, drifte ich ab in das nächste Rechenspiel der Hirnspirale: Wie viele Foodpairing-Möglichkeiten gäbe es mit allen seinen Wiesenobstgetränken, kombiniert mit vielleicht zweihundert dazu passenden Gerichten?

Aber was nützte es mir, das zu wissen? Kämen mehr Geschmacksvarianten heraus, als Obstsorten auf Streuobstwiesen existieren? Jörg Geiger wird weiterforschen in geschmacklichem Neuland, einige glückliche Kombinationen hat er schon gefunden, vieles durch Ausprobieren und Zufall entdeckt, aber immer schult er sein Wissen, sucht nach Regeln und Gesetzen an den Außengrenzen unseres bekannten Geschmacksuniversums. Mit seinen beiden Raumschiffen »Apple« und »Pear«.

## An apple a day

Ich habe zeit meines Lebens Äpfel und Birnen gegessen. Sei es Tafelobst von den alten Bäumen oder ab den Achtzigerjahren vermehrt moderne Sorten der Spalierbäumchen, die mein Vater so toll fand. Ganz selten gab es gekaufte Supermarktäpfel. Ich habe einen gewissen Sinn entwickelt für den Geschmack, aber auch den Charakter dieser unterschiedlichen Apfel- und Birnensorten. Die alten Sorten mochten zwar vielleicht saurer sein und fleckig, und ab Weihnachten wurden sie runzlig, aber ich hatte immer das Gefühl, etwas »Gescheites« zu essen. Ich denke an die Textzeile einer amerikanischen Indieband: »In 27 years I've drunk 50 000 beers«, mache daraus »In 27 years I ate 50 000 pears« und muss das auch gleich mal nachrechnen, schmeiße dafür aber Äpfel und Birnen in einen Topf. Wenn ich jeden Tag, solange ich zu Hause wohnte, ein Stück Obst gegessen habe, wären es zwanzig Jahre, also circa siebentausend Äpfel und Birnen, und ich merke schon, die Rechnung geht nicht auf. Und die fünfzigtausend Biere meines Lieblings-Singer-Songwriters können auch nie stimmen. Er hatte mich angelogen, der Hund, aber ich verzeihe ihm, auch wenn sich die Textzeile mit nur »5000 beers« genauso gereimt hätte.

Wir wissen noch nicht genau, wie Aroma und Geschmack von Früchten mit Pflanzenstoffen wie Antioxidantien, Vitaminen und Mineralien in Verbindung stehen. Was wir aber wissen, ist, dass diese Mikronährstoffe essenziell für unsere Gesundheit sind.

Inzwischen sind wir unterversorgt mit diesen Mikronährstoffen, denn Obst, Gemüse, Getreide und Kartoffeln enthalten heute viel weniger Spurenelemente und sekundäre Pflanzenstoffe als früher. Über Jahrzehnte ging es darum, die Erträge zu maximieren. Mit chemischem Dünger lässt sich das erreichen – um den Preis, dass Pflanzen und Bäume, die am Nitrattropf der Agrarchemieindustrie hängen, nur noch schwächere, flachere Wurzelsysteme entwickeln. Sie haben es nicht nötig, symbiotische Beziehungen zu Mykhorrizen und Bodenlebewesen aufzubauen. In der Folge werden weniger phytochemische Stoffe gebildet – die Immunabwehr ist geschwächt, die Pflanze nicht mehr gut gegen Schädlinge und Pflanzenkrankheiten geschützt. Dann wiederum kommen »Pflanzenschutzmittel« ins Spiel, und so geht es mit den Mikronährstoffen in Lebensmitteln den Bach runter.

Das wichtigste Instrument des modernen Obstbauern ist heute das Refraktometer. Sieht aus wie ein nicht eingeschaltetes Laserschwert mit Glasspitze. Mit diesem kann Jörg Geiger den Zuckergehalt im Blattsaft der hier auf der Wiese noch verstreut stehenden alten Birnbäume messen. Doch dafür muss er es erst mal schaffen, einen Tropfen Blattsaft aus eher trockenen Blättern zu pressen. Er zerknüllt ein großes grünes Blatt von einem alten Birnbaum, reibt etwas über das kleine Glasplättchen und wartet ab. Jörg ist sichtlich begeistert von seinem Gerät.

»Wir erinnern uns aus dem Biologieunterricht: Pflanzen stellen bekanntlich mittels Fotosynthese Zucker her, einen Teil davon verbrauchen sie direkt zum Wachsen, ein anderer Teil wird in die Wurzeln transportiert und dort als Währung im Tausch gegen Mineralien und Spurenelemente eingesetzt. Partner bei diesem Tauschhandel sind Mykhorriza-Pilzgeflechte, meine Lieblinge, weil die Spurenelemente im Boden zwar vorhanden sind, aber nicht in einer Form, die der Baum aufnehmen kann. Sie müssen quasi erst von Bodenorganismen vorverdaut werden. Bodenorganismen und Mykhorrizen sind so was wie bei uns Menschen das Mikrobiom in unserem Darm. Und man weiß ja von

Antibiotika, was passiert, wenn ein solches Medikament nicht nur die krankheitserregenden Bakterien abtötet, sondern eben auch die notwendigen, guten Bakterien. Aber zurück zum Zucker.«

Jörg Geiger hält sich sein Laserschwert wie ein Fernrohr vors Auge und ist sichtlich zufrieden. Er lässt mich durchschauen und ich sehe eine blaue Einfärbung, davor eine Skala. Der Blattsaft ist bei über zwölf, was gut ist. Er enthält genug Zucker, um ihn gegen Mikronährstoffe wie Proteine, Lipide und andere sekundäre Pflanzenstoffe einzutauschen. Genau die verleihen den Früchten ihre Farbe und tragen zum Geschmack bei. Ihre Bitterstoffe verderben beißenden und saugenden Insekten den Appetit. Sie sind quasi Polizei, Krankenwagen und Feuerwehr der Bäume. Sie werden bei Krankheits- oder Schädlingsbefall freigesetzt, locken die nützlichen Bakterien in die Wurzelzone und lösen bei Nachbarpflanzen Abwehrreaktionen aus.

Dank ihrer tief reichenden Wurzeln sind Wiesenobstbäume besser mit Mikronährstoffen versorgt als die flach wurzelnden Obstbäumchen in kommerziellen Obstanlagen. Obstbaumwiesen sind ein funktionierendes Ökosystem, aber es bedarf der Wartung, um die Resilienz zu steigern. Deshalb ist Jörg Geiger so scharf auf die Mykhorrizen und Bodenbakterien.

Ich würde jetzt gern einen Apfel essen oder eine Birne. Jörg schwenkt mit ausladender Geste im Kreis. Nur zu!

Aber was genau hat der Geschmack dieser alten Sorten mit meiner Gesundheit zu tun?

Wenn wir im Obst Bitteres oder Saures schmecken, zeigt dies, dass der Baum mit ausreichend Mikronährstoffen versorgt ist, weil er es sich leisten kann, seinen Zucker gegen Mineralien und Nährstoffe einzutauschen. Genau diese sekundären Pflanzenstoffe nehmen wir als geschmackliche Qualität wahr. Oder anders gesagt: Schmeckt eine Birne bitter und ein Apfel sauer, dann ist es das, was uns gesund erhält.

HERBST

Gerade die vielen kleinen Gütlesbesitzer bringen ihre Ernte – nach Sorten gesammelt

## Erntezeit

Ein oranger warmer Septembertag voller wilder süßer Gerüche. Wie es mittlerweile duftet auf den Obstwiesen vom vielen Fallobst und vor allem von den weichen Birnen an den Bäumen. Fast schon obszön nach Saftigkeit, Vergärung und klebriger Süße. Kämen diese Gerüche nicht von den überreifen Früchten, würde ich an Körpergerüche denken. Ein Gefühl von Körperlichkeit. Penetrant wie nach dem Sex. Ja, es riecht nach Körpersäften und säuerlichem Schweiß. Oxytocin schwebt in der Luft. Ich muss zum ersten Mal an Adam und Eva denken, auch wenn ich stets vermeiden will, denen den Apfel als Requisit der Verführung zu überlassen.

Die Ernte hat bei Jörg Geiger immer was mit Pokern zu tun: Warten, bis das Obst vom Baum fällt, aber noch nicht angefault ist. Andere würden das wegschmeißen – er reizt die Ernte bis zum Schluss aus. Die Mitarbeitenden der Manufaktur sammeln immer noch von Hand. Und sie werden im Lauf der nächsten Wochen immer flinker werden. Zwei, drei, vier Birnen, so viel wie eine Hand mit gespreizten Fingern noch halten kann, aufklauben und vorsichtig in die Obstkiste werfen. Immer noch eine mühselige Arbeit. Ludmilla, Nico und Isabelle sammeln in Bahnen nebeneinander sich bückend die Birnen auf und plaudern dabei. Georgy jammert auf Rumänisch, weil ihm der Rücken vom Bücken wehtut, und kämpft lieber wie ein Ritter mit der Rüttelstange gegen letzte Birnen auf dem Baum an, die partout nicht runterfallen wollen. Mimi trägt die vollen Obstkisten zum Anhänger. Ein eingespieltes Team, das seinen Rhythmus gefunden hat.

Ich erinnere mich an meine Oma, die, bis sie achtzig war und kaum mehr gehen konnte, immer noch Äpfel und Birnen klauben ging. Wir hatten eine Wiese, die alle Stitzaloch nannten, weil sie wirklich nur eine einzige steile Böschung war. Sie hatte früher wohl einem Herrn Stütz gehört und konnte mit Traktor sowieso nie befahren werden. Oma kniete auf der abschüssigen Wiese und sammelte Apfel für Apfel auf, tagelang. Sie und mein Vater schleppten die vollen Säcke mühselig zur Straße hoch. Auf einem Foto aus den Siebzigern sitze ich auf den paar lausigen Zentnern.

Die Wiese war kein Filetstück für die heutige Landwirtschaft und wohl der Grund, weshalb sie mittlerweile als Ausgleichsfläche fürs Neubaugebiet herhalten muss, mit ein paar neu gepflanzten Alibibäumen. Aber wer ist heute bereit, diese uralten Obstbäume noch zu ernten? Jörg Geiger würde es machen. Er hat selber einige Stellen, die nicht maschinell geerntet werden können, sondern wie vor hundert Jahren von Hand.

So wie man Unbewohntheit von Häusern an heruntergelassenen Rollläden erkennen kann, entdecke ich beim Radfahren vergessene Streuobstwiesen am hängen gebliebenen Obst auf den Bäumen. Hier wird bis zum nächsten Frühjahr eine orangebraune matschige Schicht unter den Bäumen liegen.

Aber oft treffe ich beim Vorbeifahren auf Menschen, die ernten. Es sind zwar immer seltener die alten Bäuerle in ihren blauen Latzhosen mit den alten Traktoren, die kaum noch krabbeln können, aber auf der Leiter stehen und das Obst einzeln vom Baum brocken oder es vom Boden klauben und in Säcke füllen. Stattdessen sehe ich neuerdings Familien, die einen Kofferraum voller Säcke mit Mostobst geklaubt haben, um daraus ihren Apfelsaft zu machen. Ein Bauer hat sich eine Apfelsammelmaschine geleistet und zieht damit stoisch wie eine Putzkraft am Flughafen seine Kreise unter Bäumen, um das Fallobst aufzusammeln.

Oberhalb von Esslingen überrascht mich ein Porsche Cayenne mit Anhänger, der auf einer Wiese steht. Ein älteres Ehepaar mit gepflegtem Erscheinungsbild und viel zu guten Klamotten, um in ihnen zu arbeiten, sammelt fleißig auf. Ich komme mit ihnen ins Gespräch und sie erzählen mir von ihrem neuen Hobby. Sie haben die Streuobstwiese von einem alten Mann gekauft, dessen Kinder in London und Hamburg leben. Die kleine Gerätehütte lassen sie umbauen, damit sie darin auch mal übernachten können, aber das soll ich nicht weitererzählen. Es waren die alten Obstbäume, die es ihnen angetan hatten. Über den ökonomischen Aspekt sprechen wir angesichts des Porsche Cayenne gleich gar nicht. Liebhaberei und ihr Bedürfnis, etwas Sinnhaftes zu machen, haben sie zu der Entscheidung geführt, fürs Wochenende und die baldige Pensionierung ein Plätzchen zu haben, um das sie sich kümmern wollen.

Mir soll es recht sein, ich sehe Porsches lieber auf einer Obstwiese stehen als vor dem Discounter. Und ich denke, während ich hinunterfahre ins Neckartal, vorbei an schicken Villen an Hängen, die einst Weinberge und Obstwiesen waren, und plötzlich einen freien Blick bekomme auf die endlosen Mercedeswerke vor Stuttgart, dass jede Epoche ihren dramaturgischen Bogen hat. Auch Streuobstwiesen.

Ich fahre von Oberesslingen nach Esslingen. Unten, im geschäftigen Tal, zwischen B 10, Neckar und Eisenbahnlinie, passiere ich eine Unterführung, an deren Eingang jemand einen Spruch an die Wand gesprüht hat: »Armut macht erfinderisch!« Daneben steht: »Erfinderisch macht schlau«, darunter »Schlau macht Erfolg«, »Erfolg macht reich«, »Reich macht Spaß«, »Spaß macht blöd«, am Ausgang dann »Blöd macht arm«. Ich fahre die Rampe hoch ins herbstliche Tageslicht, über den Bahnhofsplatz mit der dicht gedrängten Menschenmenge und suche den Radschnellweg am Neckar entlang, wieder hoch auf die Alb.

## Obstanlieferung

Dieses Jahr hat einen Jahrhundertsommer gebracht, der August war viel zu heiß. Selbst jetzt Anfang September herrschen Temperaturen von über dreißig Grad. Vor allem bei den Birnbäumen unten im Tal liegen in diesem Jahr schon viele Birnen dottergelb bis braun auf dem Boden. Ich denke, sie sind verfault, doch Jörg nimmt eine dieser überreifen Birnen und drückt sie mit den Fingern auf. Der Saft läuft ihm über die Hände. Er beißt rein und erklärt, dass die hohen Temperaturen die Birnen dieses Jahr schon am Baum haben reifen lassen. »Schmeckt zuckersüß. Die Birne wurde regelrecht gekocht am Baum und schmeckt wie Dörrobst. Die Säure ist noch da, aber keinerlei Gerbstoffe mehr, zumindest nicht genügend, um daraus klassischen Schaumwein zu machen.« Jörg Geiger begutachtet die Bäume und ich sehe ihm an, dass er ein Problem hat. Ihm bleibt nichts übrig, als diese überreifen Birnen anders zu verarbeiten. Die paar grünen kommen zum Nachreifen in Kisten für Schaumwein, und die überreifen werden zur neuen Saftkomposition noch am gleichen Abend gepresst. Aus ihnen macht er Champagner Bratbirne – frei von Alkohol.

Überall im Landkreis ist das Obst in diesem trockenen Sommer schon früher reif. Was nicht vom Hagel erschlagen wurde, leidet unter der großen Hitze am Baum. Wären die alten Bäume mit ihren tiefen Wurzeln und ihrem Abwehrsystem nicht so resilient gegenüber starken Klimaschwankungen und monatelanger Trockenheit, wäre die Ernte noch schlechter ausgefallen. Aber irgendwas gibt's immer zum Mosten!

In der Obstannahme der Geiger'schen Manufaktur herrscht Ausnahmezustand, eine lange Schlange bildet sich am Ortsrand, und alle Arten von Streuobstbesitzern sind dabei: der Landwirt, der von seinem Hänger eineinhalb Tonnen ins Sammelbecken kippt, das Rentnerpärchen, das aus seinem Polo vier Körbchen Mischobst anliefert. Auch wenn die beiden für ihre achtunddreißig Kilo nur ein paar Münzen bekommen, sie sind froh drum: Hier ist einer, für den diese angeblich unattraktiven alten Sorten einen Wert haben. Jeder ist gespannt, was am Ende die Waage anzeigen wird. Ein Wirtschaftsprüfer in Rente stemmt seine Obstkisten und meint: »Meine Streuobstwiesen sind mein Hobby. Andere gehen ins Fitnessstudio, das brauche ich nicht.« Die örtlichen Tafelobstbauern liefern ebenfalls ihre Ernte von den alten Bäumen bei der Manufaktur ab. Der Preis ist so gut, dass es sich nicht lohnt, daraus Apfelsaft zu machen.

Und einer aus Schlat erklärt mir, mit exakt dem Wortlaut, den ich von Jörg Geiger kenne: »Und dafür wurden sie auch nie gepflanzt! Weil vor zweihundert Jahren gab es noch gar nicht das Verfahren zum Pasteurisieren von Saft, das wurde erst später erfunden.« Ich muss schmunzeln, weil ich an Johnny Appleseed denke und daran, dass man auch Gedanken sähen kann, die Früchte tragen.

Eine Bäuerin leert Säcke aus ihrem Kombi in die grünen Kisten. Ihr Mann ist mit dem Trecker gekommen und bringt gemischte Sorten. Sie dagegen hat alte besondere Bäume geerntet, deren Früchte die Manufaktur sortenrein verarbeitet. »Ich klaube schon mein ganzes Leben lang Äpfel und Birnen auf.« Sie erzählt, dass sie Mitglied im Wiesenobstverein ist, und ich sehe ihr an, dass die Arbeit sie stolz macht. »Wer hätte gedacht, dass wir hier geschmacklich so gute Sorten haben.«

Ihr Mann lässt seinen Hänger das Obst durchs Gitter kippen. Eine Lawine mit Tausenden von Äpfeln, alle möglichen Sorten, auch neue, auch die B-Ware vom Tafelobst. Jörg Geiger nimmt dieses Jahr, was er kriegen kann. Zwischen Apfellawine und dem Lärm des Traktors

Ein archaisches Bild der süddeutschen Obstkultur –
Bauer beim Klauben von Mostobst

erwische ich den letzten Gesprächsfetzen zwischen den beiden alten Bauern: »… ond zahla tut er au guad«. Der Gemütliche der beiden verrät mir seine Art zu ernten: »Große Bäume schütteln kann man nicht, da muss man warten, bis sie runterfallen. Da kannst du nur eines machen, drunter sitzen und hinaufgucken, mit einer Tasse Kaffee in der Hand und warten, bis die Birnen runterfallen.«

So ähnlich glückselig habe ich die Zeit des Obstverarbeitens auch in Erinnerung. An meinem Schulweg lag die Mosterei. Nach der Schule bin ich jeden Tag daran vorbeigeschlendert, hab zugeguckt, wie der Saft fließt. Dicker, oranger Apfel- und Birnensaft für Most, der sich aus den Ritzen der Presse drückt und wollüstig in das große Becken darunter tropft und fließt, wie in eine Badewanne zum Reinlegen. Eine meiner stärksten Kindheitserinnerungen, aus der Fotoserie »Glückliche Tage in Donzdorf«.

Jeder durfte hier trinken, wenn er wollte. Das war ein ungeschriebenes Gesetz, das zumindest für uns Kinder galt. Trotzdem hab ich eher verstohlen nach dem Becher gegriffen, der auf einem eigens dafür gezimmerten Holzbrettchen am Balken neben der Mostpresse stand, weit über meiner Kopfhöhe. Ich ließ mich klammheimlich volllaufen. Wenn gerade niemand hersah, noch einen refill geholt, im Schatten von Erwachsenen, die beschäftigt waren mit dicken Schläuchen und Fässern auf Traktoranhängern, die schnell an- und abgezapft werden mussten. Ein alter Zahnputzbecher, blau-weiß gestreift, aus dem jeder trank, ohne ihn auszuwaschen. Der Becher wurde einfach ins Saftbecken getaucht und dann kräftig getrunken. Was für eine kindliche Freude für mich: Apfelsaft – all you can drink. Später bekam ich natürlich Bauchweh und jammerte meiner Mutter die Ohren voll. Daran hat sich wohl seit Jahrzehnten nichts geändert, außer dass der Zahnputzbecher heute ein anderer ist. Von IKEA, habe ich mir von meinen Kindern sagen lassen.

## Landkarte des Geschmacks

Meine Radtouren waren in den letzten Wochen immer weiträumiger geworden. Ich verlor mich in unbekannten Gegenden. Ich gewöhnte mir an, immer so weit zu fahren, bis ich an einen mir unbekannten Ort gelangte, einen Weg, den ich zuvor noch nie befahren hatte und der manchmal auch in einer Sackgasse endete. Aber stets waren Obstwiesen in Reichweite, deren Bäume voll mit reifen Äpfeln und Birnen hingen und mich einluden, sie zu probieren.

In dem Maße wie die Früchte mit der intensiven Sonnenbestrahlung des Altweibersommers nochmals ihre Schlussreife und Farbe bekommen, entfärben sich schon die ersten Blätter und ziehen sich zusammen. Die Blätter danken langsam ab, während die Früchte prall an den Bäumen hängen und sagen: Nimm mich mit. So mache ich mir ein Spiel daraus, plädiere aus Forschungsgründen auf Nachsicht für den Mundraub und ernte Äpfel und Birnen von jedem Baum, den ich noch nicht kenne. Auf den vergessenen Streuobstwiesen habe ich wenigstens das Gefühl, den Bäumen symbolisch einen Gefallen zu tun.

Wenn ich Leute auf ihren Wiesen antreffe, frage ich um einen Apfel oder eine Birne. Mit mehr als Selbstverständlichkeit, eher Dankbarkeit für mein Interesse und mein Vorhaben, haben mir in den letzten Wochen alle herzlich gern die Satteltaschen gefüllt, die Rentnerpärchen, die Hobbybauern, die türkischen Familien und die jungen Ökos. Dabei sind so einige Fahrradtaschen voll Äpfel und Birnen zusammengekommen. Sie liegen zu Hause in Obstkisten, welch eine Farbenpracht und Formenvielfalt. Eine schöne Farbpalette von grasgrünen, hellgelben, ockerfarbenen bis hin zu dunkelroten Birnen, von knallroten Äpfeln, gelb-rot gestreiften und sogar rot-grün gestreiften Äpfeln. Es gibt sie mit Farbverlauf, wie die zweierlei gefärbten Haare eines Teenagers auf Stilsuche. Es gibt sogar gepunktete, gestrichelte und gefleckte. Manche mit gewachster Haut, manche weich wie Kompott, andere hart wie ein Dekoapfel. Jede Frucht mit eigenen Geschmacksnoten.

Die schon reiferen Birnen musste ich gleich essen, die anderen habe ich zusammengestellt zu einem Spiel. Wie soll man die Vielfalt von Obstsorten veranschaulichen, wenn diese nicht katalogisiert werden können, weil sie sich ständig selbst weiter verbreiten? Angesicht der riesigen Zahl von wilden Kreuzungen und zufälligen Varianten versuche ich, meine Auswahl einzugrenzen auf echte alte Sorten in Süddeutschland. Aber wo ziehe ich die Grenze und was fällt hier unter die Kategorie alt? Sorten, die nicht mehr im Handel sind? Oder die über hundert Jahre alten? Dann würden der Boskop und der Golden Delicious schon rausfallen, weil die jünger sind. Jörg Geiger schätzt, dass es hier, im Kernland des Wiesenobsts, noch um die fünfhundert alte Apfel- und vierhundert alte Birnensorten gibt, alle mit verschiedenen Eigenschaften, Verwendungsmöglichkeiten und Geschmack. Eine archaische und anarchische Vielfalt, die vielleicht niemals vollständig beschrieben werden kann.

Ich versuche, der Sache gerecht zu werden, und will mit Jörg ein Spiel spielen, eine Art Obstchallenge. Er soll mir aus der Beute meiner Mundraubzüge einzelne Sorten und ihre Charaktereigenschaften beschreiben. Ich habe ihn nach Feierabend zu uns nach Hause eingeladen, in unser altes Bauernhaus. Die Sommerferien sind gerade vorbei. Ein lauer Septemberabend, es wird schon dunkel, aber die Kinder haben sich noch nicht an den Schulrhythmus gewöhnt und spielen immer noch draußen. Wir setzen uns bei offener Tür vor den ehemaligen Mostkeller, in dem heute die Fahrräder stehen. Ich greife blind in die Obstkisten und gebe ihm einen Apfel oder eine Birne. Er soll den Geschmack beschreiben und was er damit macht.

**Bohnapfel** – »ein herber Apfel, der erst Anfang November reif wird. Wir ›schwitzen‹ ihn, damit sich die Aromen der Frucht auch wirklich entfalten können«.

**Goldparmäne**, mit glatter, glänzender, grünlich-gelber Schale, deren Sonnenseiten goldig und gerötet sind. – »Sie verströmen einen kräftigen Geruch. Das Fruchtfleisch ist saftig und edel gewürzt. Ich verwende sie in meinen Süßweinen, in unserem *Don't call me Gin* und in Destillaten.«

**Gewürzluike**, deren Grundwort es hier in der Gegend als Eigenname in jedem Dorf gibt, die Gingener Luiken waren für mich als Kind ein feststehender Begriff. – »Ein Zufallssämling. Die Gewürzluiken verwende ich in unseren Ciders, weil sie so frisch saftig, angenehm säuerlich und leicht würzig sind.«

**Boskop** – »ein säuerlicher Wirtschaftsapfel mit hohem Vitamin-C-Gehalt mit herb würzigen Noten. Er findet Verwendung in unserem Rosenzauber, Frühlingsduft, Cuvée Nr. 11, Destillat. Den ernten wir mittlerweile absichtlich unreif, du weißt, wieso«.

**Wildling von Einsiedel** – »ursprünglich wurde der Wildling von Einsiedel bei Tübingen entdeckt. Der ist was für die traditionelle Flaschengärung«.

**?** – »Das ist ein Zufallssämling. Die Sorte hab ich noch nie gesehen. Könnte vielleicht eine Kreuzung sein mit Jakob Fischer? Den probieren wir gleich, wie er schmeckt.«

**Roter Berlepsch** – »ein sehr voller, würziger Apfel, hat was von roten Johannisbeeren. Auch ein guter Apfel für Cider«.

**Grüne Jagdbirne** – »die wurde früher als Scheidebirne in geringen Mengen zur Klärung von Obstweinen eingesetzt. Die hat quasi das Fruchtfleisch vom klaren Saft getrennt. Und sie wurde gern als Stammbildner für Tafelbirnensorten eingesetzt. Ihr Stamm war stabil und frostsicher. Sie sind grüngelb berostet und reich an Zucker und Gerbsäure. Deshalb nehme ich sie gern für verschiedene Priseccos und mache einen eigenen Schaumwein aus ihr.«

Mittlerweile ist es vollständig dunkel geworden, meine Kinder krakelen noch auf der Straße herum. Wir hocken auf dem Bänkle, wie es wahrscheinlich Generationen vor uns auch gemacht haben, weil sich hier die Wärme des Tages hält, und trinken was von Jörgs Mitgebrachtem.

Zu vielen Früchten konnte er was erzählen, manche waren ihm gänzlich unbekannt. Ich habe bemerkt, wie Jörg die Äpfel und die Birnen nach dem Bestimmen zu verschiedenen Häufchen zusammengeschoben hat. Schon lange beschäftigt mich die Frage, wie er sich in dieser riesigen Geschmackswelt aus zig Apfel- und Birnensorten, aus Kräutern und Gewürzen und anderem Vegetabilen zurechtfindet. Wie orientiert er sich? Wie sieht seine Mindmap aus? Ich stelle ihm die Gretchenfrage: »Jetzt mal im Ernst. Wie schaffst du es, die vielen Düfte und Aromen im Gedächtnis zu behalten?«

»Ich bin doch Koch und hab jeden Tag mit Dutzenden von Kräutern und Gewürzen zu tun. Es geht immer ums Schmecken. Und dann fängst du an, die einander zuzuordnen. Zueinander passende Aromen werden gruppiert oder voneinander wegpositioniert. Wenn Rose und Minze gut harmonieren, sind die beiden in meinem Gedächtnis miteinander verknüpft.«

So hat er auch einen Gedankenpalast, ein Zuordnungssystem für den Geschmack von Äpfeln und Birnen und vielen anderen Rohstoffen aufgebaut, auf das er immer wieder zurückgreifen kann. Auf dem Tisch fängt er an, die Äpfel und Birnen wie beim Damespiel zu verschieben. Links die süßen, rechts die sauren, oben die bitteren, je mehr Gerbsäure, umso weiter oben liegen sie, und nach unten die Umami-artigen, die sich aber nicht eindeutig zuordnen lassen.

Weil ich von mir weiß, dass ich eher ein raumorientierter als ein zeitorientierter Mensch bin, hätte ich gern so etwas wie – eine Landkarte des Geschmacks. Nicht nur eine, auf der lokale Spezialitäten vermerkt sind, so wie es in Frankreich Landkarten mit den Käsesorten der jeweiligen Regionen gibt, auf denen man sehen kann, in welchem Gebiet welcher Käse hergestellt wird. Ich möchte eine Karte, die nicht nur Verbreitung und Herkunft bestimmter Apfel- und Birnensorten in Süddeutschland zeigt, sondern die Obstsorten in ihrer geschmacklichen Ausprägung, aufgrund des lokalen Klimas oder besonderer Verarbeitung. Man würde auf dieser Karte sehen können, ob Bittenfelder Äpfel immer noch vermehrt um das Dorf Bittenfeld herum wachsen, welches die Hauptstadt der Apfelküchle ist oder dass der Ofenschlupfer sich nie nach Norden hin ausgebreitet hat.

Jörg Geiger versteht schon, was ich meine. Er schlägt vor, dass diese Landkarte mehrdimensional sein müsste, weil Geschmack fast nie absolut beschrieben werden kann, außer vielleicht beim Salz. »Und was ist mit den verschiedenen Meersalzen auf der ganzen Welt?« »Lassen wir mal Salz aus dem Rennen.«

Alle komplexen Kompositionen bestehen aus mehreren Geschmacksrichtungen. Süß, salzig, bitter, sauer et cetera, das hatten wir ja schon. Die Sache ist, wenn beispielsweise süß und bitter aufeinandertreffen, entstehen wieder zig neue Noten. Stellen wir uns einen Birnenkuchen vor: Erlebt man die bittersüßen Birnen jetzt noch kombiniert mit hefigem Aroma, wie im Hefeteig, entsteht ein mehrdimensionales Geschmacksgebäude. »Und was ist mit dem subjektiven Empfinden?« »Das gibt es genauso wie ein kollektives Geschmacksgedächtnis. Was süß-bitter und

nach Hefe schmeckt, erinnert uns an einen bestimmten Ort, zum Beispiel an die Küche der Oma, in der es immer nach Birnenkuchen roch.«

Ich überlege, ob wir im Sinne von Jörg Geigers Gedankenpalast eher von Geschmacksarchitektur sprechen sollten, aber ich bleibe bei meiner Landkarte. Letztlich könnte man mithilfe einer solchen Karte herausfinden, wie eine Landschaft schmeckt; sie würde nicht nur das Terroir zeigen, sondern auch kulinarische Traditionen wie Rezepte und deren Abwandlungen, die lokalen Vorlieben. Nimmt man noch Faktoren wie lokales Klima und Mentalität hinzu, würde man sich Stück für Stück einem Ort annähern und somit entdecken, dass der Geschmack einer Landschaft ihren tieferen Sinn ausmacht.

Wie wird überhaupt der Wert einer Landschaft gemessen? Nach Ausdehnung, nach Quadratmeterpreisen von Bauland, nach Kaufkraft, oder könnte man nicht auch ganz andere Kriterien heranziehen wie Sonnenstunden, Bäche und Flüsse, Häufigkeit guter Landgasthöfe oder kleiner Bierbrauereien, guten Boden?

Als ich mich vor ein paar Jahren für schottischen Whisky interessierte, war ich fasziniert von der Vielfalt der kleinen Destillerien und der dazugehörigen regionalen Gliederung in Highlands, Lowlands, Speyside oder den Inseln. Und mir gefielen so obskure Namen wie Laphroaig, Bunnahabhain oder Knockdhu, die ihre eigenen Geruchs- und Geschmacksnoten besitzen und mit grasig, zitrusartig, torfig, salzig oder rauchig beschrieben werden.

Ich war frustriert, weil ich keine Möglichkeit sah, mich unter all den verschiedenen Whiskys zu orientieren. Die Frage klingt wie der Anfang eines Trinkerwitzes: Wie schafft man sich Orientierung beim Whiskytrinken? Indem man sich durchtrinkt. Aber ich wollte mich nicht durch alle durchtrinken. Ich versuchte herauszufinden, weshalb welcher Whisky wie schmeckt. Weshalb mir die Whiskys von den Skye-Inseln mit ihren algigen, fischigen Nuancen so gut schmeckten. Ich erklärte es mir dann selbst, dass sie dort vielleicht mit Meerwasser brennen oder Tang zum Heizen der Dörrmaschinen benutzen. Ich wollte aber nicht im Spekulativen bleiben, sondern begründen können, wie genau sich ein bestimmter Whisky von einem anderen unterscheidet. Etwa dass der Geschmack als torfig beschrieben wird, weil die Gerste beim Mälzen den

Rauchgeruch des brennenden Torfs aufnimmt. Heute bin ich jedes Mal glücklich, wenn ich auf Google Maps mit dem Cursor auf der Landkarte reise und Namen von Whiskys entdecke, an deren Geschmack ich mich erinnern kann. Namen von Ortschaften, aber für mich sind es Whiskys.

Dies müsste meine Karte der süddeutschen Apfel- und Birnensorten auch können. Die süßen Birnen gibt es eher im mild-sonnigen Baden, der Geschmack von herben, aber prägnanten Früchten kommt von den Kalkböden und dem rauen Klima der Schwäbischen Alb.

Es würden nicht nur rein geografische Aspekte der Zuordnung eine Rolle spielen, wo vermehrt welche Sorten angebaut werden, sondern auch die Frage, wie das zur Mentalität der Leute und zu ihren Gepflogenheiten passt. Anhand der typischen Apfelkuchenrezepte bekäme man einen Überblick darüber, wo welche Äpfel für welche Rezepte verwendet werden und wo die Hochburgen für Apfelkuchen liegen.

An der Menge der alten Bäume ließe sich ablesen, wo viel Most getrunken wird. In Schlat würde man sehen, dass die Schlater Obstbauern ihren geografischen Vorteil nutzen und auch frostempfindliches Obst wie Kirschen, Himbeeren und Tafelbirnen anbauen, obwohl sie so kurz vor der Alb schon nahe der klimatisch vertretbaren Grenze liegen. Man würde auch erkennen, dass von den paar Hundert Champagner-Bratbirnen-Bäumen, die es in Baden-Württemberg noch gibt, sehr viele im Umkreis von Schlat stehen und dass nur hier Champagner-Bratbirnen-Bäume neu gepflanzt werden. Am Bodensee würde sich deutlich zeigen, dass dort zwar die größten Mengen angebaut werden, aber meist nur die fünf bekanntesten Sorten.

Die Karte würde offenbaren, wo Bäume aufgrund des Klimawandels verschwinden, und hoffentlich auch, wo welche neu nachkommen. Denn aus untypischen Obstgegenden wie oben auf der Alb werden neue Anbaugebiete. Auch der Zusammenhang zwischen Landschaft und Kulinarik wäre besser verständlich. Ist der Schwäbische Mostbraten in Ermangelung von Wein nur in Gegenden mit Mostobstanbau beheimatet oder war er früher ein Schwäbischer Weinbraten?

Ich würde auf unbekannte Spezialitäten stoßen, wie eingebrannte Birnenschnitz aus Bayrisch-Schwaben, Dörrbirnen, Nonnenfürzle, die am Ende auch nur Schmalzgebäck mit Apfel sind. Und skurrile

Essenskombinationen entdecken wie Bubenspitzle mit Apfelkompott. Wo in Oberschwaben isst man Kässpätzle mit Röstzwiebeln und Birne?

Schließlich würde ich mithilfe dieser Karte lernen, den Jörg Geiger'schen Geschmacksatlas anzuwenden. Warum Birne zu Spätzle? Weil Birne mit ihren Bitterstoffen den Gegenpart zu den fettig-teigigen Spätzle und den salzigen Röstzwiebeln spielt? Ist das die süddeutsche Antwort auf »Birnen, Bohnen, Speck«? Weshalb hat sich »Birnen, Bohnen, Speck« nur in Norddeutschland zu einem Hit entwickelt? Am Ende hätte ich ein vielschichtiges Bild einer Landschaft entwickelt. Manch Anekdotisches und Triviales wäre mit dabei, aber genau das macht doch Hobbyethnologie aus. Heimatkunde von Einheimischen gelernt.

## Verarbeitung

Die Champagner Bratbirne ist als grüne Birne ungenießbar, als gelbe Birne jedoch entwickelt sie einen feinen Duft, wenn ihre Gerbstoffe durchs Schwitzenlassen umgewandelt werden. Das ist es, was der Veredelung die Türen öffnet. Heute soll gepresst und später vergoren werden. Im Hintergrund quietscht der Gabelstapler, die letzten Nachzügler bringen ihr Obst. Der Nebel erklärt die Saison für beendet.

Jörg Geiger steht mit Mimi vor verschlossenen grünen Kisten. Was sich früher im Erdloch vollzog, in dem die Champagner Bratbirnen ab Oktober bis zu ihrer Reife im Dezember bedeckt mit Reisig und Laub schwitzten und sich auf magische, wenngleich chemisch erklärbare Weise farblich und geschmacklich verwandelten, passiert heute in grünen Lebensmitteltonnen. Auch wenn das Geheimnis dieser Stoffumwandlung mittlerweile erforscht ist, bleibt es für mich immer noch ein Faszinosum der Natur. Die zwingende Aufgabe aller Lebewesen, und somit auch der Obstbäume, ist ihre Fortpflanzung. Die Obstbaumstrategie: Süße Früchte für die Tiere, die die Samen in ihrem Körper weitertragen und dafür sorgen, dass die Birnenkerne, mit Startersubstrat gut versorgt, an anderer Stelle ein Plätzchen finden, um eines Tages ebenfalls zu einem mächtigen Obstbaum zu werden.

Aber wieso hat die Champagner Bratbirne in ihrer Fortpflanzungsstrategie eine Zusatzfunktion eingerichtet, sodass die Tiere ihre Früchte erst mal ignorieren? Eine Art Verzögerungstaktik, bei der die baumreifen Birnen im Herbst zunächst im nassen Gras verbleiben und später als andere Wildfrüchte gefressen werden. So ruhen die grünen Früchte im hohen Gras, bedeckt vom eigenen Laub, und fangen an, das Reifungsgas Ethylen zu produzieren. Dass dieses schwerer ist als Luft verhindert den direkten Kontakt mit Sauerstoff, der die Früchte verfaulen ließe. So bleibt die Birne in der Hülle von Gras und Laub liegen, reift langsam zu einer von Weitem duftenden süßen Frucht und lockt die Gehilfen ihres Fortkommens an. Ich stelle mir vor, was für ein Festschmaus diese Wildbirnen dann mitten im Winter für Rehe, Hasen und Vögel gewesen sein müssen. Energie in Form von Zucker, um den harten Winter auf der Schwäbischen Alb zu überleben.

Jörg Geiger und Mimi öffnen den Deckel und stecken ihre Nase hinein. Eine Wolke mit Düften nach Birne, Süße, zitronig, parfümiert entweicht. Immer wieder steckt Jörg Geiger die Nase tief in die gelben Birnen und holt welche heraus. Manche haben braune Stellen, ein paar sind noch grün. Er muss den besten Zeitpunkt finden, an dem die höchste Reife erreicht ist und der Verfall sich bereits andeutet. Die beiden Geschmackstester beißen hinein, ihre von Adstringenz verzogenen Gesichter verraten, dass zwar noch genügend Gerbsäure in den Birnen steckt, aber die Reifung so weit fortgeschritten ist, dass gepresst werden kann.

Jörg erklärt den Spagat zwischen nicht zu viel und nicht zu wenig Gerbsäure. Einerseits soll die Birne schön ausgereift sein, andererseits braucht er eine kleine Menge an Gerbsäuren für die Hefe, damit später in der zweiten Gärung, in der Flasche, die Hefe den typischen Champagnergeschmack nach Briochenoten entwickeln kann. Viel Fachliches für so eine Birne. Nicht umsonst gilt sie als Diva.

Ganz unten im Gewölbekeller des Lamms, im alten Mostkeller, findet die Flaschengärung statt. An den Bakelitschaltern und der schlechten Beleuchtung kann man erkennen, wie alt er schon ist. Spinnweben an der Decke, in den Regalen an den Wänden lagert der Schaumwein in verstaubten grünen Flaschen und in jeder Ecke könnte ein Monster lauern.

In der Mitte stehen Rüttelpulte, schräg aufgeständerte Holzflächen mit Löchern drin, in denen die Flaschen kopfüber stecken. Wie Gehwegstopper, die als Zielscheiben benutzt wurden.

Fünfhundert Flaschen lagern hier, die Jörg Geiger in eingespieltem Galeerentakt gleichzeitig mit beiden Händen paarweise herauszieht, zweimal rüttelt und mit kräftigem Schwung zurücksteckt in die Löcher. Das klingende Flaschenscheppern in Stereo hallt unterm Gewölbe und schlägt den Rhythmus während unseres Gesprächs. Jörg Geiger erklärt mir, dass er sich bei der Champagner Bratbirne für die traditionelle Flaschengärung entschieden hat. Nach zwei Jahren Reifung im Tank wird der Schaumwein auf Flaschen gefüllt und hier im Keller ein weiteres Jahr lang gelagert. Die Hefe, die sich während der Gärung in der Flasche verteilt, muss jetzt alle paar Monate abgerüttelt werden, damit sie sich im umgedrehten Flaschenhals sammelt. Jetzt erst erkenne ich im Gegenlicht einer Kerze eine Art Pfropfen, wie man es von naturtrübem Apfelsaft kennt. Wenn die Hefe sich irgendwann nach einem Jahr im kopfüber stehenden Flaschenhals verdichtet hat, kann Jörg sie degorgieren, das heißt entkorken, und mit Schwung die oberen zwei Zentimeter Schmodder abschütteln. Ich muss an den Kellner in *Dinner for One* denken. Die fehlende Flüssigkeit wird wieder aufgefüllt und mit dem endgültigen Korken verkorkt. Voilà. Viel Arbeit für ein paar Flaschen französisches Lebensgefühl.

Doch Jörg Geiger ist von seiner liebsten Birne überzeugt. »Die Champagner Bratbirne verbiegt sich nicht. Da gibt es nur zwei Möglichkeiten, wie so oft im Leben: Lieben oder lassen!«

Er lässt mich probieren. Bei mir ist es eher Liebe auf den zweiten Schluck. Das erste Glas wurde noch abgespeichert als Most, der zwar prickelt, aber dünn schmeckt und irgendwie bitter. Ich muss ein zweites Glas trinken, um zu schmecken, was Jörg Geiger damit meint, dass ich auf die Adstringenz der Champagner Bratbirne achten soll. Und ja, ich schmecke so langsam die eleganten, feineren Töne wie Vanille. Oder schmecke ich Hefezopf?

»Wir kennen Birnen nur noch aus dem Tafelobst, und da schmecken sie nur süß. Aber weil traditionelle Birnen mit ihren Gerbstoffen dummerweise die Eigenschaft haben, dass das Fruchtfleisch an der Luft schnell bräunt, betrachten wir Konsumenten das gleich als schlecht. Wenn ich heute in einen Apfel oder eine Birne beiße und das Fruchtfleisch bräunt noch, ist das eher ein Indikator dafür, dass die Sorte noch einen Gesundheitswert besitzt.«

Im Tafelobst gibt es heute produktivere Sorten. Ob diese geschmacklich besser sind, stellt Jörg Geiger infrage. Die Züchtungen dieser neuen Sorten haben sich eben an den Geschmack der Verbraucher angepasst: viel Süße, feste Konsistenz, lange Haltbarkeit. Eine Sorte wie die Champagner Bratbirne würde in allen drei Punkten durchfallen. In der Verwertung, der Weiterverarbeitung von Obst, gibt es aber seit Jahrzehnten keine neuen Züchtungen mehr.

Die Vielfalt ist dennoch immens, solange wenigstens ein paar dieser alten Sorten noch irgendwo herumstehen. Dazu zählen Gerbsäure-Giganten wie die pelzig-grasig schmeckende Grüne Jagdbirne, die strenge, dünn minimalistisch schmeckende Karcher Birne und die betörende, eben an Champagner erinnernde Bratbirne. Oder es handelt sich um Allstars wie die Schweizer Wasserbirne, der Liebling und die meist genutzte Birnensorte schwäbischer Mosttrinker, die den Most erdig süß, nach Überreife schmecken lässt, oder auch extrem süße, liebliche Sorten wie die Nägeles Birne oder die Palmische Birne, die früher zum Dörren benutzt wurden, als Zuckerlieferanten für den Winter. Dann gibt es die Spezialisten wie die Gelbmöstler Birne, die nur dazu diente, den Apfelmost zu klären, quasi als Katalysator, weil sie einen klaren Most ergibt. Ich ziehe den Hut vor so viel Wissen um die Vielfalt an Verarbeitungsweisen. Vor Obstsorten, die ich bisher als Mostbirnen alle in einen Topf geworfen hatte.

## Sylter Rosenzauber

Oft wird man von anderen daran gemessen, wie viel Leistung man erbringt, ohne dabei nennenswert von der Norm abzuweichen. Leistungsbereitschaft und Angepasstheit gleichzeitig einzuhalten war Jörg Geiger nicht möglich. Vor allem diejenigen, die sich gern »vom alten Schlag« nennen, können zwar immer noch nicht ganz verstehen, dass Jörg sich dieser alten Bäume und ihrer sauren Früchte annimmt, dass er wie ein Naturapostel auf den Wiesen herumläuft und Kräuter sammelt, den Schutz der Böden predigt, sogar alte Wiesen mit altem Baumbestand aufkauft, die doch keinen Wert mehr haben, und aus dem Obst Edelgetränke macht, die man sich selber nie leisten würde. Aber weil er ein neues Manufakturgebäude gebaut hat und andernorts plötzlich von Spezialitäten in der Öffentlichkeit die Rede ist, die von hier kommen, und weil er außerdem einen guten Preis für Streuobst zahlt, wird er auch von den eher selbstgenügsamen, innovationskritischen Vertretern hier auf dem Land für seinen Erfolg geschätzt. Er hat diese zurückgebliebene Landschaft in die Moderne geführt, indem er die alten Sorten geadelt hat. Den vernachlässigten Verlierern, den Schwächsten der Landwirtschaft, den vergessenen Werten hat er zu einem Weiterleben verholfen und sie wieder gesellschaftsfähig gemacht.

Mittlerweile kenne ich Jörg Geiger seit vielen Jahren. Ich habe miterlebt, wie er auch als Mensch gewachsen ist. Es geht ihm nicht mehr um Gewinnmaximierung, um Imagekampagnen oder um Firmenwachstum. Sein Credo war und ist es bis heute, dem Streuobstanbau wieder einen Sinn zu geben, regenerative Landwirtschaft zu betreiben und Menschen auf den Geschmack dieser Landschaft zu bringen. Deshalb bleibt für mich der spannendste Moment bei ihm, wenn er ein neues Getränk »erfindet«. Wenn er aus gewöhnlichen und ungewohnten Zutaten eine neue Komposition erschafft und sich sogar Gedanken darüber macht, wie seine Getränke zu welchen Speisen passen könnten.

Längst hat auch die Edelgastronomie seine Getränke entdeckt. Für einen befreundeten Gastronomen auf Sylt will er heute eine alkoholfreie

Sonderedition austüfteln – schwäbisches Wiesenobst trifft auf die Aromen von Wildrosen von der Nordsee.

In Gefrierboxen sind die Pakete mit etwa zehn Kilo violetter Rosenblätter angekommen. Diese kleinen Heckenrosen, wie sie an der Nordsee auf den Dünen wachsen, riechen besonders stark, ohne parfümiert zu wirken, vielleicht weil sie sich im stürmischen Wetter der Nordsee behaupten müssen. Jörg Geiger ist mit dem Sternekoch Johannes King befreundet und kreiert für ihn eine Sonderedition von seinem eigenen alkoholfreien Rosenzauber, den er normalerweise mit Damaszener Rosen ansetzt. Heute also Rosenzauber mit Sylter Rosen. »Damit es nicht nur Champagner auf der Insel zu trinken gibt«, meint Jörg Geiger trocken.

Kombiniert er seinen Rosenzauber sonst immer mit Minze, will er für die Sylter Rosen etwas von seinen Fichtensprossen nehmen. Weil er nicht weiß, wie die intensiven Nordseerosen mit den zitronig-harzigen Fichtensprossen reagieren, muss er langsam höherdosieren. Im Kutter, einem brachialen Häcksler aus der Schlachterbranche, der den entsprechenden Lärm dazu macht, werden die Rosen vom Sommer mit den Fichtensprossen vom Frühjahr zu einem Brei zerstückelt.

Die Herausforderung ist, die richtige Mischung von Aromen zu finden, damit die Rosenblätter aus Sylt mit dem Saft aus schwäbischem Wiesenobst eine ausgewogene Komposition ergeben. Und schnell muss es gehen. Bei den alkoholfreien Priseccos hat er keine zweite Chance, keinen zweiten Tag. Trotz der Kühlung bleiben ihm ab jetzt nur zwei Stunden Zeit, bevor die Mischung anfängt zu gären. Jörg Geiger arbeitet am offenen Tank, ein Fünfhundert-Liter-Edelstahltank mit Trittleiter, er schüttet die hellgrün-violette Mischung in die dreihundert Liter Apfelsaft aus Boskop-Äpfeln, »ein kräftig-robuster Wirtschaftsapfel, der sowohl Säure als auch Gerbstoffe bringt«. Er legt jetzt richtig los, klettert immer wieder die kleine Leiter am Tank hoch und taucht ein Weinglas ein. Innen dreht sich eine trübe Plörre mit violetten und hellgrünen Stückchen. Suppe, wie sie meine Kinder im Garten auch gern kochen.

Noch ist die Rose zu stark. Jörg Geiger riskiert eine weitere Packung gefrorener Fichtenspitzen. Dreihundert Gramm auf dreihundert Liter können den Geschmack im Bottich deutlich verändern. Ich schmecke bisher nicht viel. Ein klassischer Apfelsaft, der kitschig nach Rose duftet,

dann frisch, waldig, grasig, etwas bitter, wohl die Fichte. Am Ende haben mir die Gerbstoffe vom Apfel und vom Nadelbaum die Geschmackspapillen auf meiner Zunge vollends blockiert. Es schmeckt so, wie die Suppe meiner Kinder aussieht. »Geduld«, meint Jörg und lässt den Inhalt weiter rühren. »Das schmeckt schon sehr animierend, die Rose und die Fichtensprossen kommen schon gut raus.«

Jörg spricht mehr mit seinem Glas als mit mir: »Es fehlen die Gewürze, um dem Ganzen mehr Komplexität und Nachdruck zu geben. Die füllen quasi die Lücken, die in der jetzigen Geschmackslandschaft fehlen. Wir haben intensiven Apfelsaft, wie ihn jeder pur kennt, blumigen Rosenduft, wie bei einem Nachtisch oder Eis, bisschen künstlich, und dann die Fichten, superfrisch, scharf und bitter. Damit diese unterschiedlichen Bereiche aus süß, sauer und bitter zusammen als eines wahrgenommen werden, braucht es die Gewürze.«

Jetzt kommt das wohl wichtigste Organ in der ganzen Geschichte zum Auftritt: die Nase von Jörg Geiger. Ich darf mit ihm in den Gewürzeraum hoch. Dosen über Dosen, am Boden stehen Papiersäcke. Die Schatzkammer. Es riecht nach allem auf einmal. Selbst meine ungeübte Nase entdeckt ungeahnte neue Duftwelten. Muffig, blumig, scharf, nach asiatischem Essen, nach Kräutern wie in der Provence, holzig, staubig, atemberaubend. Jörg legt sofort los. »Wir brauchen etwas für die Lücke zwischen Rose und Fichte.« Er öffnet Dosen und schnuppert daran. Nein, kein Bockshornklee, kein Asant. Engelwurz? Zu bitter. Manchmal lässt er mich mit dem Finger probieren. Er selbst probiert nicht. Er kennt die Geschmäcker auswendig. »Macis. Macis könnte helfen, Muskatblüte, kommt gut im Hintergrund, macht vielschichtig. Dann brauchen wir etwas, um der Sache Power zu geben. Aber kein Pfeffer, aber vielleicht Nelkenpfeffer, also Piment. Eine eher blumige Schärfe, viele komplexe Komponenten.« Was noch? Er nimmt einen tiefen Atemzug aus der Box.

Ich schlendere an den Regalen vorbei wie in einem Archiv für Gerüche. Allein unter S: Salbei, Sassafras, Sauerampfer, Schafgarbe, Schabzigerklee, Schwarzkümmel, Senf, Sternanis, Stevia … Das ist eine richtige Bibliothek, sogar alphabetisch geordnet. Ich beobachte Jörg durch die Regale. Er ist ganz in seinem Element versunken, öffnet Boxen, murmelt vor sich hin, denkt laut, wie meine Oma sagen würde. »Auf jeden Fall brauchen wir Ingwer, der bringt Länge, wie beim Alkohol, ein leichtes Kratzen im Hals.«

Er füllt einige Gewürze ab in ein großes Glas. Die Mengen wiegt er vorher. Es soll ja nachvollziehbar bleiben, sprich nachmischbar sein für ein nächstes Mal. Aber heute ist es Neuland. Jörg kennt zwar die Gewürzzutaten von seinem Rosenzauber, aber nachdem er heute andere Rosen und eine neue Komponente mit den Fichten im Sud drin hat, werden auch die bisherigen Gewürze nicht mehr passen.

Er sucht etwas, was nochmals in diese Duftigkeit wie bei der Rose geht. Haselnussblätter passen, erstaunlicherweise. »Die Orange bringt auch nochmals etwas mehr Mundgefühl. Oder besser noch Vanille. Die Vanille holt immer in der Kopfnote ab. Auf Vanille sind wir alle ziemlich konditioniert. Sie hilft bei diesem ersten Ja-Sagen zum ungewohnten Schmecken von Rose.«

Mit der Nase in einer anderen Box zieht Jörg ein Zitronengesicht. »Muskatblüte – das passt nicht mehr dazu. Das wird uns zu breit. Die Mischung ist so schön fein und elegant, da müssen wir aufpassen.« Für den Kitzel im Nacken und um das Geschmacksspektrum noch in Richtung Schärfe zu erweitern: Piment. Am Ende gibt der Maestro noch etwas Anis hinzu. Eine weitere Geschmacksnote, die helfen soll, die Grundzutaten besser miteinander zu verbinden.

Das Gewürzeglas füllt sich mit verschiedenen farbigen Pulvern, die aussehen wie Farbpigmente oder Erdschichten. Ein Querschnitt durch eine bunte Geschmackswelt. Diese anderthalb Kilo Gewürze kommen rein in den großen Bottich. Es staubt und sieht immer noch aus wie Kindersuppe. Kurze Zeit später der Geschmackstest. Jörg riecht, schlürft, schluckt und sagt eine ganze Weile nichts, obwohl er weiß, dass meine Augen auf ihn gerichtet sind. Er lässt das Ergebnis auf sich wirken, räumt die Arbeitsfläche auf, schaut vor sich hin und fängt langsam an zu nicken. »Vielleicht noch ein bissle … Anis.« Er lässt mich aus dem großen Fass probieren. Was für ein irrer Sud, und was alles darin herumschwimmt. Aber es schmeckt.

»Geben wir noch etwas Salz dazu, um der Säure die Spitzen zu nehmen. Das lenkt dann ein bissle ab.« Jörg Geiger wiegt fünfzig Gramm Meersalz ab. »Wenn es die Leute dann trinken, wissen sie nicht: Kommt's

Entwickeln von neuen Getränken mit Kräutern, Blüten und Gewürzen in Jörg Geigers Manufaktur

von der Brandung oder liegt es doch schon im Glas drin?« Er schmunzelt vor sich hin.

Die Gewürze haben den sperrigen Eigencharakter der Zutaten in den Hintergrund treten lassen oder in etwas Ganzes eingebettet. Den Rohdiamanten geschliffen. Ein feines Getränk, animierend, abwechslungsreich und voller Geschmack. Ein Humanbiologe könnte sich nicht mehr freuen: Alle Geschmackspapillen in meinem Mund haben gleichzeitig ihre Arme hochgerissen und yeah! geschrien. Was für ein durchgeknalltes Getränk! Jörg Geiger ist noch nicht ganz zufrieden, er spielt im Grammbereich mit weiteren Gewürzen auf der Briefwaage herum. Aber das Rezept steht. Das wird der neue Prisecco. Exklusiv für die Gäste des Sternerestaurants auf Sylt, wo das Glas zwölf Euro kosten wird. Aber was soll's.

Auch mein kleiner bruddeliger Schwabe, der oben in meinem Dachstüberl wohnt und gern das Schlechte in der Welt sieht, bleibt milde gestimmt. Und leicht hintersinnig denkt er: Sollen meine Äpfel doch lieber auf Sylt getrunken werden, statt am Baum zu verfaulen, weil sich für fünf Euro der Zentner niemand mehr bückt. Und ein kleines bissle ist er stolz, dass seine sauren Äpfel es bis ans Meer geschafft haben, ein weiter Weg für einen kleinen schwäbischen Apfel.

## Der Professor aus Stuttgart

Wegen ihrer rauen Rinde, an der man sich beim Klettern aufschürfen konnte, mochte ich als Kind die Schweizer Wasserbirne nicht besonders. Sie stand in der Einfahrt zum Bauernhof meiner Oma neben dem Bach. Ähnlich ging es mir mit den Apfel- und Zwetschgenbäumen, weiter oben im sogenannten Hausgarten, obwohl ich angeblich als Baby viel Zeit im Kinderwagen liegend unter dem kleinen Apfelbaum vor dem Bauernhäusle verbracht hatte. Der Hof mit dem einfachem Wohnhäuschen und einer Scheune war keine zweihundert Meter von unserem neu gebauten Haus entfernt. Dazwischen erstreckte sich eine riesige Obstbaumwiese, auf der in meinen frühesten Erinnerungen zwar noch ein paar alte

Obstbäume herumstanden, aber seit den Siebzigerjahren wurden sie von Spalierobst in Reih und Glied verdrängt.

Die Bedeutung dieser Obstwiese wird mir erst heute klar. Mein Vater erzählte mir, dass sie ursprünglich einem Professor aus Stuttgart gehörte. Er bot meiner Oma im Zweiten Weltkrieg wegen der immer knapper werdenden Lebensmittel einen Tausch an. Wenn sie ihm und seiner Familie jede Woche ein Lebensmittelpaket zukommen ließe, solange der Krieg dauerte, bekäme sie dafür seine Obstwiese, die an den Hof angrenzte. Meine Oma als alleinerziehende Bäuerin mit einem Kleinkind und einem Neugeborenen, die den Hof mit drei Kühen, Hasen und Hennen allein bewirtschaftete, ging darauf ein. Woche für Woche stellte sie einen Korb mit Schmalz und Mehl, Kartoffeln, Obst und Gemüse, Most, Fleisch, Dosenwurst und selbst gebackenem Brot zusammen und schickte ihn nach Stuttgart. Bis 1946 führte sie darüber genauestens Buch. Nach Kriegsende löste der Professor seinen Teil des Versprechens ein und überschrieb meiner Oma die Obstwiese. Der Hausgarten war jetzt doppelt so groß.

Aus der Obstwiese wurde Bauland. 1963 baute mein Vater mit einundzwanzig Jahren sein erstes Haus auf diese Wiese, in den Achtzigern sein zweites. In den Neunzigern baute meine Schwester in die verbliebene Lücke zwischen dem Haus meiner Eltern und dem alten Bauernhof. Der Hof meiner Oma liegt heute wie aus der Zeit gefallen mitten im Ort. Der hohe Birnbaum neben der neuen Verkehrsinsel ragt wie eine Grenzmarke zwischen den Einfamilienhäusern heraus und zeigt an, bis wohin das alte Dorf früher ging und wo das Neubaugebiet beginnt. Der verloren dastehende Birnbaum wurde zu einem Zeitportal, einer Art *Stargate*, das zwei Epochen miteinander verbindet und an dem rein theoretisch Zeitreisen möglich sein müssten.

Zusammengerafft sähe meine Zeitreise so aus: Die Obstwiese, die meine Oma im Naturalientausch mit einem Professor aus Stuttgart erwirtschaftet hat, die mein Vater zu Bauland umgewandelt, betoniert und planiert und mit mehreren Häusern bebaut hat, deren Mieteinnahmen mir und meiner Familie ein finanzielles Auskommen im Alter sichern werden, ist die Basis unseres heutigen Wohlstands.

wieder WINTER

## O tree!

In meinem Garten steht am Rand zum Nachbargrundstück ein knorriger Apfelbaum. Ein Bittenfelder, die Früchte lange haltbar, gut für Apfelkuchen, erklärte mir der alte Mann, als wir das Bauernhaus kauften. Das Stückle nebenan gehört ihm immer noch. Der ehemalige Hausgarten, der den Hof mit Obst und Beeren versorgte und genügend Schutz bot für Kinder, Hühner und Obstbäume.

Ich schaue ihn mir an, den letzten Storren, wenn ich am Schreibtisch sitze und keine Idee habe. Wie er noch steht, krumm und schief. Gezeichnet vom rauen Wetter der Alb und von der Leistung, jahrzehntelang Früchte getragen und Hunderte von Mäulern versorgt zu haben. Zumindest für alle diejenigen, die in unserem alten Bauernhaus geboren und gestorben sind, war dieser Baum Spielplatz, Nahrungsquelle und Landschaftselement. In seiner Schönheit von den Nachkriegsgenerationen kaum mehr beachtet. Doch geht man nah genug an ihn heran und betrachtet mit dem Auge als Lupe die Rinde, verweilt einen Moment auf einem Stück seiner Oberfläche, kann man in seiner Geschichte lesen.

Am ganzen Körper trägt der Stamm Flechten, Moose, Abblätterungen, Insektengänge, Pilze. Kein Einzelobjekt, ein ganzes Biom. Ein Feuerwerk an wilden Farben. Von Weitem ist er grau-braun, im Detail aber zeigt er eine buntes Spektrum von rußigen schwarzen bis hellgrünen algigen Platten, silbrigem Islamoos und mit giftigem Gelb behangenen Flechten. Überlagerungen, auf denen Flechten auf Flechten wohnen, die wie kleine aufgeplatzte Polypen aussehen. Das ist keine glatte jugendliche Haut, das ist die Haptik von Ewigkeit. Vertrocknete Rinde wie Papyrus pellt hier und da ab. Moos auch auf den kleinen Verästelungen. Neuansiedlungen von hellgrünen Minipünktchen, wahrscheinlich Moosbabys.

Die Gesamtform der Krone ist wie in erstarrter Bewegung, eingefroren in der Verrenkung. Dutzende ungeschnittener Wassertriebe ragen wie Antennen senkrecht nach oben. Schenkeldicke mächtige Äste, die vier, fünf Meter herausragen. Mancher Ast zu weit ausladend. Der ganze Baum in gefährlicher Schieflage. Dabei hat man ihm diese Form verpasst. Mit Baumschnitt zur Ertragssteigerung und anschließender Vernachlässigung ist der Apfelbaum mit seinem getunten Schnitt einfach weitergewachsen. Der Stamm innen längst hohl, er bietet viel Platz für andere Bewohner.

Warum der Baum trotzdem immer noch stabil steht, wollte der alte Mann selbst herausfinden und sägte mit der Motorsäge in den hohlen Stamm hinein. Vielleicht wollte er ihm auch beim Sterben helfen. Man kann jetzt unten durch ihn hindurchschauen. Aber der Apfelbaum lebte weiter und trieb jedes Jahr erneut aus. Im vergangenen Herbst brachte er mehr Äpfel denn je, drei Zentner für hundertfünfzig Flaschen Apfelsaft und ein, zwei Obstkisten voll für Apfelkuchen. Lange haltbar und schön säuerlich.

Und dann reicht ein Herbststurm wie letzte Woche, einmal zu viel Schnee, und der stabile Riese geht in die Knie. Zuerst brach ein tragender Ast unter der Schneelast ab, und mein Baum war ab diesem Moment aus dem Gleichgewicht geraten. Für den Sturm in der Nacht darauf war es ein Leichtes, an ihm zu zerren. Der alte Bittenfelder kippte um, der hohle Stamm zersplitterte und brachte Hände voll Humus aus seinem Inneren ans Tageslicht. Die Äste streckt er immer noch meterhoch in die Luft. Er ist nicht kleinzukriegen, auch wenn er schon tot ist. Im Keller steht die Kiste mit seinen letzten Äpfeln. Aber niemand traut sich, von ihnen einen Apfelkuchen zu backen. Ich dachte schon daran, die Apfelkerne aufzubewahren und einen neuen Baum daraus zu züchten. Aber irgendeinen Zufallssämling will ich auch nicht haben. Wenn, dann klonen, genügend kräftige Triebe hätte er. Doch das ist zu wissenschaftlich für mich.

Sobald das Wetter besser wird, werde ich mir eine Motorsäge ausleihen und ihn klein sägen. Dann trockne ich seine Holzscheite an der Scheunenwand und schaue die schönsten Maserungen beim Vorbeigehen immer wieder an. Die Kinder werden sicher was damit basteln, und in zwei Wintern wird er uns noch einmal warm geben.

RIP, good old Bittenfelder!

## The future

Von meiner Freundin in New York, die jedes Jahr auf die Alb kommt und beim Sänger meiner damaligen Lieblingsband Pavement babygesittet hatte, habe ich erfahren, dass die Hipster in New York mittlerweile Prisecco kennen. Samara hat ihnen vom deutschen Johnny Appleseed erzählt. Die Band ist befreundet mit Steve Keene, der ein Albumcover für sie gemalt hat, und der Mythos von Johnny Appleseed ist Teil ihres kollektiven Gedächtnisses. Samara hat mir eine Postkarte geschrieben, die die Skyline von Manhattan ultraweitwinklig und als Apfel ausgestanzt zeigt. The Appleseed is aufgegangen!

Jörg Geigers Manufaktur floriert. Während die Produkte in die Welt hinausgehen, sitzen wir daheim und können unserer Landschaft was abgewinnen.

Wir sind im ehemaligen Gasthof, in der heutigen Lounge, da, wo früher der Stammtisch stand und mir vor Jahren ein altes Schlater Bäuerle einfach so zwei Euro in die Hand gedrückt hat, obwohl ich offensichtlich weder Kind noch jugendlich mehr war, aber als archaische Nettigkeit schätze ich die Geste bis heute. Wir sitzen in den modernen Clubsesseln, in denen die Aura der Bauernwirtschaft, in der hundert Jahre lang der Most floss, nur noch als Erinnerung zu spüren ist, und lassen das vergangene Jahr an uns vorbeiziehen. Neben uns die Vitrine mit den Büchern zur Geschichte der Obstkultur.

Ich will wissen, was Jörg von der Theorie hält, dass alles Menschengemachte endlich ist, dass früher oder später alles, was Menschen geschaffen haben, in ihrem Streben nach Fortschritt fabriziert haben, kaputtgeht. Im Gegensatz dazu stehen die Lebenszyklen der Natur, in der alles miteinander verwoben ist, in der nichts wirklich kaputtgeht oder als Müll übrig bleibt, in der alles sich wandelt und in neuer Form wieder in Erscheinung tritt. Sind dann nicht die Streuobstwiesen als menschengemachte Landschaft zum gleichen Schicksal verdammt?

Wir reden über das Wesen der Streuobstwiese. Wie sie beides ist. Kultur- und Naturlandschaft. Das erinnert mich daran, dass sie wie eine Waldlichtung mehr Artenvielfalt aufweist als unberührter Naturraum.

Dass diese Fülle an Leben erst dadurch entstehen konnte, dass der Mensch eingegriffen und sie gestaltet hat.

Die beiden Sichtweisen reiben wie tektonische Platten in meinem Weltgefüge aneinander. »Alles Menschengemachte geht kaputt« versus »In menschengemachten Landschaften gibt es mehr Artenvielfalt«. Eigentlich ein Widerspruch, und er zeigt doch die Ambivalenz unseres Tuns. Wir Menschen rocken den Planeten runter und tragen mit unserem Tun gleichzeitig dazu bei, dass sich das Leben entfaltet. Wir bereichern und belasten Lebensräume. Eine veraltete Bewirtschaftungsform wie die Streuobstwiese bietet uns wieder Zukunftsperspektiven. Vielleicht sogar eine Strategie für andere Kulturlandschaften.

Jörg Geiger hält sich nicht gern mit Vergangenem auf und kann auch mit Zukunftspessimismus nichts anfangen. Er glaubt an die genetische Weisheit in der Natur. »Die Informationen, die auf Genen gespeichert sind, lassen sich vielleicht am besten mit einer Bibliothek wie hier vergleichen: Ein Teil der Bücher wird beinahe täglich gebraucht, zum Beispiel mein Rezeptebuch, andere dagegen stehen jahrzehntelang ungenutzt im Regal, manche hab ich noch gar nicht gelesen.«

Die alten Obstbäume haben in ihrer Entwicklungsgeschichte Wärmeperioden und Eiszeiten überstanden, Fluten und Dürreperioden. Diese Erfahrungen sind als genetischer Code vielfach vorhanden. Wenn Obstzüchter wie Jörg Geiger durch Kreuzungen klimaresiliente Sorten entwickeln wollen, dann versuchen sie, dieses in den Pflanzen schlummernde genetische Potenzial zu erschließen.

Er sagt in einem ernsten Ton zu mir: »Ich habe das Gefühl, diese alten Wiesenobstbäume werden es nicht mehr lange machen. Sie sind eh schon überaltert und der krasse Klimawandel setzt ihnen sichtbar zu. Vielleicht ist sogar der wichtigste Grund, warum alte Sorten bei Obstbäumen, aber auch bei Gemüse und Getreide für unser Überleben so wichtig sind, ihr genetisches Potenzial. Sie sind ein lebender Genpool, in dem wir Eigenschaften finden werden, die dem Klimawandel gewachsen sind. Mit ihnen will ich in Zukunft ›neue‹ alte Sorten züchten.«

Und weil ich ein Rechenfreak bin, überschlage ich gedanklich schon mal, was das in Jahren heißt. Jörg ist wie ich Anfang fünfzig. Die Neuzüchtung einer Gemüseart dauert etwa zehn Jahre, die Zucht eines neuen Apfel- oder Birnbaums hingegen viele Jahrzehnte. Meist braucht es drei Generationen, um eine genetische Eigenschaft, die aktuell rezessiv in der Großelterngeneration vorhanden ist, in der Enkelgeneration zukünftig dominant erscheinen zu lassen. Bis ein Bäumchen einer alten Sorte zum ersten Mal Früchte trägt, vergehen fünfzehn bis zwanzig Jahre. Die Rechnung ist einfach: In fünfzig bis sechzig Jahren werden wir das Ergebnis erfahren. Eine Zeitspanne, länger als ein Flug zum Mars. Aber es war in der Landwirtschaft schon oft so, dass die Arbeit einer Generation erst den nachfolgenden zugutekommt.

Jörg Geiger will eine Stiftung zur Förderung und Erhaltung alter Obstsorten gründen: »Es geht um neue Mostbirnen auf Hochstämmen, weil der Zustand unserer Mostbirnenbestände inzwischen in einem katastrophalen Zustand ist. Es existieren nur noch wenige Tausend Bäume, und in den letzten vierzig Jahren wurden so gut wie keine mehr nachgepflanzt. Dabei sind sie selbst Lebensraum vieler anderer Lebewesen und im wahrsten Sinn des Wortes landschaftsprägend. Die klimatischen Veränderungen sind ein neuer Stressfaktor und ein Grund dafür, dass ich immer häufiger Krankheiten an ihnen beobachte. Innerhalb der einzelnen Sorten gibt es aber deutliche Unterschiede im Befall. Manche wie die Karcherbirne, die Bayerische Weinbirne und die Paulsbirne kommen damit besser zurecht. Aus diesem Genpool will ich neue klimaresiliente Sorten züchten und die Mostbirnen ins nächste Jahrhundert bringen.«

Ich überlege, wie man sich wohl an ihn in hundert Jahren erinnern wird. Als Johnny Appleseed von Süddeutschland, dank dem die alten Bäume erhalten blieben und sogar zukunftsfähig wurden. Der an die Wildheit der Bäume geglaubt, ihren Nutzen für die Gesundheit erkannt, ihre geschmacklichen Qualitäten herausgekitzelt und in die Moderne übersetzt hat.

Wir sitzen und trinken den Prisecco No. 11 und die neue Champagner Bratbirne alkoholfrei, die Kinder des Klimawandels. Der Erste geboren aus einer Naturkatastrophe, einem Tipp aus einem zweihundert Jahre alten Buch und der Erfahrung eines experimentierfreudigen Kochs. Und die Zweite eine Mutation der Natur, ein Hitzeopfer und entstanden aus der schnellen Reaktion eines erfahrenen Obstbauern.

Mich ergreift der Gedanke, dass womöglich trotz aller Probleme, die klimabedingt auf uns zukommen, das Potenzial von uns Menschen, unser Erfahrungsschatz, unsere Kreativität und unsere Adaptionsfähigkeit riesig ist. Ähnlich dem Potenzial an genetischer Anpassung und Adaption in der Natur. Wir wissen, dass die Natur ständig Metamorphosen durchlebt, über Selbstheilungskräfte verfügt und wandlungsfähig bleibt. Wir können der Zukunft mit klarem Kopf, einem offenen Blick und einem fühlenden Herzen begegnen und aus dem Gegebenen etwas Neues machen.

Nehmen wir die verwilderten Streuobstwiesen als Symbol. Die breit aufgefächerten Baumkronen und ihr verkrümmter, wilder Wuchs haben uns vergessen lassen, dass sie mal in Reih und Glied gepflanzt wurden. Sie belehren uns eines Besseren in Anbetracht unserer Versuche, alles Lebendige in eine Form zu pressen. Dadurch, dass wir die Obstwiesen vergessen haben und sie so wachsen konnten, wie sie wollten, sind sie erst zu Zaubergärten geworden.

Ob in zweihundert Jahren immer noch Streuobstwiesen und riesige Birnbäume unsere Landschaft prägen werden und als Symbole für unsere kulturelle Identität stehen, werden wir sehen. Ich weiß nur, dass die Chancen dafür gut stehen.

# Dank

Dieses Buch habe ich nicht alleine geschrieben.

Danken möchte ich Jörg Geiger für die vielen Gespräche über die schwäbische Obstkultur, aus denen über die Jahre eine Art Freundschaft zwischen uns entstanden ist.

Ein großes Danke geht an Annette Maria Rieger, die mich ermutigt hat, dieses Buch zu schreiben. Danken möchte ich Heiko Fischer, der mich überhaupt erst auf den Geschmack von Nature Writing gebracht hat. Danken möchte ich ebenfalls Bertram Pfisterer für die Stuttgarter Schreibstube, in der ich im Winter 2024 die nötige Ruhe fand, Ulrike Stegmann für einen kleinen, aber feinen Buchtipp, Walter Hartmann für seine Resilienz gegenüber Medien, dem Fotografen Enric Duch für seinen Blick von außen aufs Schwabenländle und Leonie Haselmaier und allen Mitarbeitenden der Manufaktur Jörg Geiger für ihre Kooperation. Bei Matthias Grüb, Marion Voigt und Julie August vom 8 grad verlag bedanke ich mich für ihr Vertrauen in dieses Buch.

Last but not least gilt mein Dank den vielen engagierten Freundinnen und Freunden der schwäbischen Obstkultur.

## Bildnachweis

Eberhard Dittmann: 30, 42

Enric Duch: 14/15, 16, 20, 56/57, 154/155, 190/191

Andreas Geiger: 8, 10/11, 12/13, 27, 34, 38, 47, 50, 54/55, 62, 100/101, 121, 143, 187, 192/193, 194, 202/203

Dr. Walter Hartmann: 188/189

Manufaktur Jörg Geiger, Robert Dieth: 4/5, 52/53, 58/59, 60/61, 68, 71, 74, 79, 89, 98/99, 102/103, 106, 111, 112, 128, 132, 152/154, 158/59, 175, 181, 184, 197 (beide)

Manufaktur Jörg Geiger, Volker Renner: 84, 92

Manufaktur Jörg Geiger: 25 (beide), 41, 74, 95, 97, 137, 146, 156/157, 160, 165, 171 (Apfelsorten von links oben nach rechts unten: CBB, Bittenfelder, Gelbmöstler, Boskop, Gaishirtle, Bohnapfel, Berlepsch, Gewürzluiken)

Wikipedia: 125: Drawing of Jonathan Chapman, aka Johnny Appleseed.

Gefällt Ihnen dieses Buch? Dann empfehlen Sie es bitte weiter. Mehr über den 8 grad verlag finden Sie auf www.8gradverlag.de und in unserem Newsletter.

Andreas Geiger, Jahrgang 1969, lebt in Donzdorf, Kreis Göppingen, und Stuttgart. Er hat an der Filmakademie Baden-Württemberg studiert und bewegt sich in seinen Dokumentarfilmen (*Heavy Metal auf dem Lande*, *Die Gabe zu heilen*) im Spannungsfeld zwischen Heimatkunde und Popkultur. *Streuobst* ist sein erstes Buch.

1. Auflage 2024

Sonnhalde 73 | 79104 Freiburg


Umschlaggestaltung, Layout und Satz:
Julie August, Buenos Aires/München
Umschlagmotiv: picture alliance / imageBROKER
Gesetzt aus der Adobe Caslon, der Gill Sans und der Ganton
Lektorat: Marion Voigt, Zirndorf
Korrektorat: Stephan Thomas, München

Papier: Maxima Volume 150 g/m²
Einbandmaterial: Peyer Peyprint Honan
Herstellung: folio · print & more, Zirndorf
Druck und Bindung: UAB BALTO print, Vilnius/Litauen

ISBN 978-3-910228-45-0

www.8gradverlag.de